Word/Excel/PPT 现代商务办公
从新手到高手一本通（全彩升级版）

清风工作室　编著

中国纺织出版社

内 容 提 要

　　本书针对Office办公软件初学者的学习特点，在结构上采用"由简入深、由单一应用到综合应用"的组织思路，在写作上采用"图文并茂、一步一图、理论与实际相结合"的教学原则，全面具体地对Word 2016/Excel 2016/PowerPoint 2016的使用方法、操作技巧、实际应用、问题分析与处理等方面进行阐述。

　　与此同时，在正文讲解过程中还穿插介绍了很多操作技巧，让读者学会办公软件，继而掌握操作技能，又能熟练应用于工作之中。

图书在版编目（CIP）数据

　　Word/Excel/PPT 现代商务办公从新手到高手一本通：全彩升级版 / 清风工作室编著. —北京：中国纺织出版社，2018.5（2018.12重印）

　　ISBN 978-7-5180-4450-4

　　Ⅰ.①W… Ⅱ.①清… Ⅲ.①办公自动化—应用软件 Ⅳ.①TP317.1

　　中国版本图书馆CIP数据核字（2017）第315248号

策划编辑：杨　旭　　　　责任编辑：张　宏
责任设计：尚书阁　　　　责任印制：王艳丽

中国纺织出版社出版发行
地址：北京市朝阳区百子湾东里A407号楼　邮政编码：100124
销售电话：010-67004422　传真：010-87155801
http://www.c-textilep.com
E-mail: faxing@c-textilep.com
官方微博 http://weibo.com/2119887771
北京玺诚印务有限公司印刷　各地新华书店经销
2018年5月第1版　2018年12月第2次印刷
开本：710×1000　1/16　印张：22
字数：380千字　定价：59.80元

随着计算机知识的普及和网络技术的发展，办公自动化已逐渐成为现实。在日常商务办公中，Office 软件的操作技能已成为衡量员工综合素质的一个标准。在本书中，我们将对微软套装软件中使用频率最高的 Word、Excel、PowerPoint 办公软件的操作方法和日常使用情景进行详细介绍，帮助读者在最短的时间内熟悉和掌握这三大组件的操作，并能在日常办公中解决实际问题。

本书内容

本书分为 3 篇，分别为 Word 办公应用、Excel 办公应用和 PowerPoint 办公应用，针对初学者，在内容安排和结构设计方面，都考虑了读者的实际需要，全面具体地对 Word/Excel/PowerPoint 的使用方法、操作技巧以及实际应用等方面进行讲解。相信读者在学完本书内容后，会切身感受到自己 Office 操作技能和水平的大幅提升。

全书共16章，各章节内容介绍如下：

第 1~5 章为 Word 办公应用，通过多个具体实例，对 Word 中文档的基础操作、文档的美化操作、表格的应用、文档图文混排效果的实现以及文档的管理和审阅等知识进行详细介绍。

第 6~11 章为 Excel 办公应用，通过多个具体实例，对 Excel 中工作表 / 工作簿的基础操作、数据的编辑和美化、数据的图形化展示、数据的计算、数据的管理分析以及数据的安全与共享等知识进行详细介绍。

第 12~14 章为 PowerPoint 办公应用，通过多个具体实例，对演示文稿的基础操作、幻灯片内容的编辑以及幻灯片效果的应用等知识点进行详细介绍。

本书特色

※ 以实例引导，循序渐进地介绍软件的操作知识，注重理论联系实际，使读者学了以后就能立刻应用到实际工作中。

※ 图文并茂，每个操作步骤都配有对应的插图，使读者在学习过程中能直观清晰地看到操作过程，学习起来更轻松。

※ 内容丰富，所有的知识点都以实例贯穿始终，并穿插"操作解惑"和"技高一筹"小栏目，对正文讲解的知识点进行补充，并在每章结尾以"知识大放送"的形式，对本章内容进行更深入的介绍和补充，让知识介绍更加全面。

※ 本书提供了案例需要的素材、效果文件，让学习更高效。

　　相信通过本书的学习，能让广大职场中人以及即将步入职场的学生更加得心应手地应用 Office 办公软件。由于时间仓促，书中难免有不足之处，欢迎广大读者批评指正。

编者

2018年4月

扫码即可下载全书案例文件

目 录

Contents

目 录

Contents

4

Word
办公应用

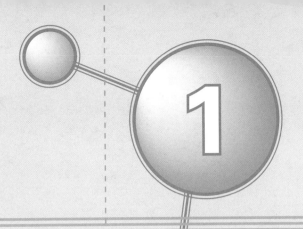

Word 2016 是 Office 2016 办公组件的重要组成部分，是一款广泛应用于办公领域的专业文档制作软件，不仅可以满足文本输入、编辑、排版和打印等日常办公基本要求，还可以应用其强大的版式设计功能，制作出具有精美外观的专业文档。

Part

1

Chapter 01 文档的基础操作

本章概述

本章将通过使用Word创建放假通知单、招聘广告等文档的过程，详细介绍文档创建的基本操作，包括新建空白文档、文本输入、文本格式设置、段落格式设置、文档保护以及打印输出的操作方法。

要点难点

◇ 多种新建文档的方法
◇ 各种类型文本的输入技巧
◇ 文档的保存方法
◇ 文本格式设置
◇ 文本段落设置
◇ 文档打印设置
◇ 文档的保护操作

本章案例文件

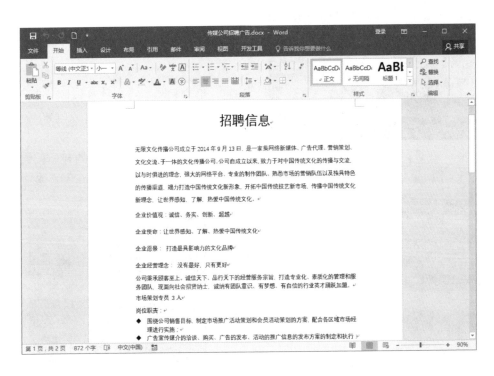

1.1 制作放假通知单

通知类文档写作严谨,是一种以书面的形式传阅公示相关信息的文书。不同类型的通知书有其相应的格式,一般都包含通知对象、主要事项、落款人和日期等内容。下面以制作放假通知单的过程为例,来详细介绍在 Word 文档中创建文档、输入文本以及文档格式设置等的操作方法。

1.1.1 新建文档

要使用 Word 文档进行文字的输入或编辑操作,首先需要创建一个空白文档。新建文档的方法有很多种,下面介绍几种常用的创建新文档的操作方法。

(1) 从开始菜单创建

位于桌面左下角的开始菜单中集合了用户安装的所有程序,通过开始菜单可以快速启动 Word 应用程序,并自动新建一个空白文档。

Step01:单击桌面左下角的开始按钮,在打开的列表中选择 Word 2016 选项。

Step02:在打开的 Word 开始面板中选择"空白文档"选项。

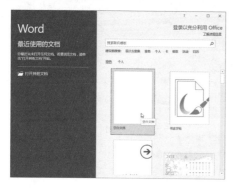

Step03:即可新建一个命名为"文档1"的空白文档。

(2) 从任务栏中创建

用户可以将 Word 图标固定到任务栏中,之后单击启动图标,快速创建并打开文档。

Step01:单击桌面左下角的开始按钮,在打开的列表中选择 Word 2016 选项,按住鼠标左键拖动到任务栏中。

Step02: 即可将Word启动图标固定到任务栏中,直接单击该图标即可启动Word应用程序,并自动新建一个空白文档。

Step02: 直接单击快速访问工具栏中的"新建空白文档"按钮,新建文档。

(3) 利用快速访问工具栏创建

用户可以将"新建"按钮添加到快速访问工具栏,之后直接单击该按钮创建文档。

Step01: 在已经打开的Word文档中,单击快速访问工具栏中的"自定义快速访问工具栏"按钮,在打开的下拉列表中选择"新建"选项。

■ 技高一筹:创建桌面快捷启动图标

直接将开始菜单中的Word图标拖到桌面上,创建桌面快捷启动图标,之后双击该图标即可启动Word 2016并创建一个空白文档。

1.1.2 输入文本内容

创建Word空白文档后,接下来用户就可以根据实际需要输入文本信息了。常见的文本输入包括文字、数字、英文、符号以及时间和日期等。下面对各类文本的输入方法进行介绍。

(1) 输入中文

文本是Word文档最基本的组成部分,下面介绍输入中文文本的具体操作步骤。

Step01: 打开文档后,按下Ctrl+Shift组合键切换为中文输入法状态,然后将光标定位到文档编辑区的空白处。

Step02: 输入"放假通知"文本,按下Enter键将光标移至下一行接着输入称呼文本。

Part 1　Word 办公应用

(2) 输入标点符号

按下键盘上的 **Shift+:** 键，即可输入所需的标点符号 "：" ，然后按 **Enter** 键换行。

■ 操作解惑：常用标点符号的输入

● 要输入逗号(,)、句号(。)、分号(;)和(')等常用符号时，比较简单，直接按下键盘上对应的按键即可。

● 要输入问号(?)、书名号(《》)、冒号(:)或引号("")等符号，则按住键盘上的 **Shift** 键的同时，按下对应的按键进行输入。

● 要输入感叹号(!)、艾特(@)、星号(*)或百分号(%)等符号，则按住 **Shift** 键的同时，按下键盘上的 1~0 键。

(3) 输入数字和英文

接下来介绍在 Word 文档中输入数字和英文的操作方法，具体如下。

Step01：按 **Enter** 键另起一行，再按两次 **Space** 键后，继续输入放假通知单的内容。按下键盘上的数字键 1 和 4，输入数字文本。

Step02：按下键盘上的 Caps Lock 键，切换到英文大写输入状态，输入大写英文字符。然后再次按下键盘上的 Caps Lock 键切换回中文输入法继续输入中文文本。

■ 操作解惑：输入小写英文字符

在中文输入状态下，按下 **Ctrl+Shift** 组合键，切换到英文输入状态，输入小写英文字符。

(4) 输入特殊符号

为了丰富文档的内容，在文档制作过程中，用户可以根据需要输入一些特殊的字符符号，具体操作方法如下。

Step01：将光标定位到文档中需要插入特殊符号的位置，切换至 "插入" 选项卡，单击 "符号" 选项组中的 "符号" 下三角按钮，选择 "其他符号" 选项。

Step02：打开 "符号" 对话框，在 "符号" 选项卡下的 "字体" 选项组中选择 "Wingdings" 选项，然后选择所需的符号。

6

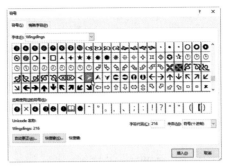

Step03: 单击"插入"按钮后，单击"关闭"按钮返回文档中查看插入的特殊符号，然后输入所需文本。

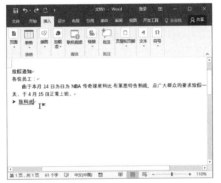

Step04: 在"插入"选项卡下的"符号"选项组中，再次单击"符号"下三角按钮，在下拉列表中可以看到刚刚插入的符号，选择该符号选项，即可再次插入到文档中。

(5) 输入日期和时间

在文档中输入日期和时间文本时，除了通过文字和数字结合的方法直接输入外，用户还可以使用插入功能，快速输入当前的日期与时间文本。

Step01: 将光标定位到文档中需要输入日期或时间的位置，在"插入"选项卡下的"文本"选项组中单击"日期和时间"按钮。

Step02: 打开"日期和时间"对话框，在"可用格式"列表中选择所需日期格式后，若希望以后每次打开文档都能自动更新，则勾选"自动更新"按钮。

Step03: 单击"确定"按钮返回文档中，查看输入的日期文本。

Part 1 Word 办公应用

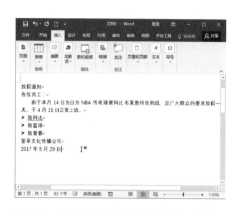

技高一筹：使用快捷键输入日期和时间

在实际的文档输入操作中，用户可以使用快捷键输入当前的日期和时间文本，以提高工作效率。

● 按下Alt+Shift+D组合键，快速输入计算机中当前的日期；

● 按下Alt+Shift+T组合键，快速输入计算机中当前的时间。

1.1.3 设置文本对齐方式

在文档中输入文本内容后，为了让文档层次更加分明，用户可以为不同的段落文本设置合适的对齐方式。Word文档的对齐方式分为左对齐、居中、右对齐、两端对齐和分散对齐5种。

Step01：选中标题文本，在"开始"选项卡下的"段落"选项组中单击"居中"按钮。

Step02：选中其他需要设置对齐方式的段落文本，单击"段落"选项组的对话框启动器按钮。

Step03：打开"段落"对话框的"缩进和间距"选项卡，单击"对齐方式"下三角按钮，选择"右对齐"选项。

Step04：单击"确定"按钮，返回文档中查看设置效果。

1.1.4 设置文本字体格式

创建放假通知单文档后，为了让文档看上去更加美观，用户可以对文本的字体样式、字号大小以及字体颜色等进行设置，下面介绍具体操作步骤。

Step01： 在文档中按下**Ctrl+A**组合键，全选文本。在"开始"选项卡下的"字体"选项组中单击"字体"下三角按钮。

Step02： 在"字体"下拉列表中选择所需的字体样式，这里选择"华文楷体"选项。

Step03： 选中需设置字号大小的文本，单击"字体"选项组中的"字号"下三角按钮。

Step04： 在打开的"字号"列表中选择合适的字号大小选项。

Step05： 继续选中标题文本，单击"字体颜色"下三角按钮，在打开的颜色列表中选择合适的颜色选项。

Step06： 选择需要设置字体格式的其他文本后，单击"字体"选项组的对话框启动器按钮。

9

Step07: 打开"字体"对话框的"字体"选项卡,同样可以对其他文本的字体格式进行相应的设置。

■ 技高一筹:在浮动工具栏中快速设置

选中需要设置字体格式的文本后,在弹出的浮动工具栏中设置文本的字体格式。

1.1.5　文本的基本操作

　　创建文档后,用户还可以根据需要对文本进行相应的编辑操作,如选择文本、插入与删除文本、移动与复制文本以及查找与替换文本等。掌握这些基本操作,将会大大提高文档的编辑效率。

(1) 选择文本

　　编辑任何文本之前,都需要先选中文本。选择文本包括选择单个词语、选择单行文本、选择连续文本、选择不连续文本、选择整段文本和选择全文等。

选择单个词语:将光标放在需要选择的文本上,双击鼠标左键即可选中该词语。

选择单行文本:将光标放在需要选择文本行左侧的空白处,当鼠标指针变为空

心小箭头时,单击即可选中该行文本。

选择连续文本:将光标移至需要选择文本的第一个字符前面,按住鼠标左键拖动至需要选择文本的最后一个字符后面即可。

选择不连续文本：拖动鼠标左键选择第一个文本后，按住 **Ctrl** 键不放，松开鼠标，在下一个需要被选中的文本处再次拖动鼠标左键，即可选择不连续的文本。

选择整段文本：将光标放在需要选择整段文本的左侧空白处，双击即可选中整段文本。

选择整篇文本：将光标放在文本的左侧，连续快速地单击 3 次可选择整篇文本。

■ 技高一筹：选择矩形文本区域

　　按住 **Alt** 键不放，拖动鼠标左键，即可选择文档中的矩形文本区域。

(2) 插入与删除文本

　　在文档编辑过程中，经常需要在文档中插入或删除文本，下面介绍具体操作方法。

Step01：在文档中将光标定位到需要插入文本的位置。

Step02：切换到英文输入法，然后输入所需的文本内容。

Step03：选择要删除的文本内容，按下键盘上的 **Delete** 键或 **Backspace** 键，即可删除选中的文本。

11

（3）复制文本

复制文本是文档编辑过程中使用最频繁的操作之一，下面介绍几种常用的方法。

方法 1：使用功能区中的命令

Step01：选中文档中要复制的文本，单击"开始"选项卡下的"复制"按钮。

Step02：将光标定位至文本要复制到的位置，单击"粘贴"按钮即可。

方法 2：使用右键快捷菜单

Step01：选中文档中要复制的文本并右击，在弹出的快捷菜单中选择"复制"命令。

Step02：将光标定位至文本要复制到的位置并右击，在弹出快捷菜单中的"粘贴选项"选项区域中，选择所需的"粘贴"选项。

方法 3：使用鼠标拖曳

Step01：选中文档中要复制的文本，按住Ctrl键不放的同时，按住鼠标左键不放，将其拖至目标位置。

Step02：释放鼠标左键，即可将选中的文本复制到目标位置。

■ 技高一筹：使用快捷键复制

选中要复制的文本内容，按下Ctrl+C组合键复制文本；然后将光标定位到要复制到的位置，按下Ctrl+V组合键粘贴文本。

(4) 剪切文本

当用户需要将文档中的文本从一个位置移动到另一个位置时，可以对文件执行剪切操作。

Step01: 选中文档中要复制的文本，单击"开始"选项卡下的"剪切"按钮。

Step02: 将光标定位至文本要剪切到的位置，单击"粘贴"按钮，即可将所选文字剪切到目标位置。

■ 操作解惑：其他剪切文本的操作方法

● 选中需要剪切的文本并右击，在弹出的快捷菜单中选择"剪切"命令；在目标位置右击，在弹出的"粘贴选项"选项区域中，选择所需的"粘贴"选项。

● 选中文档中要复制的文本，按住鼠标左键不放，将其拖至目标位置，释放鼠标左键即可。

● 选中要剪切的文本内容，按下Ctrl+X组合键剪切文本；然后将光标定位到要剪切到的位置，按下Ctrl+V组合键粘贴文本。

(5) 查找文本

使用Word的查找功能，可以帮助用户快速定位到文档中所需的内容。

Step01: 在"开始"选项卡下的"编辑"选项组中，单击"查找"按钮。

Step02: 打开导航窗格，在文本框中输入需要查找的文本，文档中对应的文本将以黄色底纹显示。

(6) 替换文本

使用Word的替换功能，可以帮助用户批量替换文档中的内容。

Step01: 在"开始"选项卡下的"编辑"选项组中，单击"替换"按钮。

Step02: 打开"查找和替换"对话框的"替换"选项卡，分别设置查找和替换内容后，单击"查找下一处"按钮，即可在文档中显示查找结果。

Step03: 单击"全部替换"按钮，将弹出 Microsoft Word 提示框，单击"确定"按钮。

Step04: 返回文档中，可以看到替换文本后的效果。

(7) 撤销与恢复操作

在进行文本编辑的过程中，系统会自动记录用户执行过的所有操作。使用撤销功能，可以将错误的操作撤销；使用恢复功能，则可以将撤销的操作恢复。

Step01: 选中文档中需要删除的文本，按下键盘上的 Backspace 键，将其删除。

Step02: 要想撤销删除操作，则单击 Word 界面左上角的撤销按钮，撤销 Step01 的删除操作。

Step03: 要想恢复 Step01 的删除操作，则单击界面左上角的恢复按钮。

操作解惑：快捷键执行撤销与恢复操作

按下 Ctrl+Z 组合键，执行撤销操作；按下 Ctrl+Y 组合键，执行恢复操作。

14

1.1.6 保存与关闭文档

编辑好的文档,用户需要及时进行保存操作,以避免因为断电、死机、系统自动关闭或其他突发状况造成文档数据的丢失。下面将对文档的保存与关闭操作进行介绍。

(1) 初次保存文档

下面介绍初次保存新建文档的操作方法,具体如下。

Step01: 新建文档并进行文本编辑操作后,单击Word界面左上角的"保存"按钮。

■ **技高一筹:快捷打开"另存为"选项面板**

文档编辑完成后,直接按下Ctrl+S组合键,即可打开"另存为"选项面板。

Step02: 打开"另存为"选项面板,在"另存为"选项列表中选择"浏览"选项。

Step03: 在打开的"另存为"对话框中,选择文档在计算机中的保存位置,在"文件名"文本框中输入文档的保存名称后,单击"保存"按钮。

(2) 另存文档

用户对已经保存过的文档进行编辑后,既想保存已修改的内容,又想保留原始的文档时,可以对文档执行另存为操作。

Step01: 对文档进行修改后,选择"文件>另存为>浏览"选项。

Step02: 在打开的"另存为"对话框中,进行文档的另存设置即可。

(3) 自动保存文档

使用Word的自动保存功能，用户可以按照设定的时间间隔对正在编辑的文档进行自动保存，减少突发情况下造成的数据丢失。

Step01: 打开Word文档后，选择"文件>选项"选项，打开"Word选项"对话框。

Step02: 在"保存"选项面板的"保存文档"选项区域中，单击"保存自动回复信息时间间隔"右侧的微调按钮，设置自动保存时间间隔后，单击"确定"按钮即可。

(4) 关闭文档

完成文档的编辑操作后，不再使用文档时可以将其关闭。Word文档关闭的方法有很多种，下面介绍几种常用的方法。

方法1：执行"文件"列表中的命令

文档编辑完成后，单击"文件"标签，选择"关闭"选项，即可关闭该文档。

方法2：单击"关闭"按钮

文档编辑完成后，单击Word界面右上角的"关闭"按钮，关闭文档。

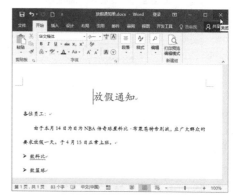

方法3：关闭所有文档

用户可以在状态栏中右击Word图标，在弹出的快捷菜单中选择"关闭窗口"命令，关闭所有打开的Word文档

技高一筹：在浮动窗口中关闭

用户还可以将鼠标移至状态栏中的Word图标上，这时将弹出打开的所有Word文档的浮动窗口，选择要关闭的文档，单击浮动窗口右上角的"关闭"按钮。

1.2 制作传媒公司招聘广告

招聘广告主要用于企业发布招聘信息,是企业招贤纳士的重要工具之一,设计的好坏将直接影响企业的形象和应聘者的素质。下面通过招聘广告文档的制作过程,详细介绍Word文档的段落格式设置、项目符号与编号的添加、文档的显示设置以及文档的输出打印等的操作方法。

1.2.1 创建招聘广告文本

要制作传媒公司招聘广告,首先需要新建文档,然后根据实际的需要输入招聘文本信息。

Step01: 在计算机中招聘广告文档的存放文件夹中单击鼠标右键,从弹出的快捷菜单中选择"新建>Microsoft Word文档"命令。

Step02: 即可新建一个空白Word文档,且文档名称为可编辑状态,根据需要输入所需的文档名称后,按下Enter键。

Step03: 选中创建的"招聘广告"文档并右击,在弹出的快捷菜单中选择"打开"命令,打开该文档。

Step04: 在文档中输入所需的文本后,对文本的格式进行相应的设置。

■ **操作解惑:打开文档的常用方法**

用户可以双击需要打开的文档图标,将其打开。也可以在已打开的文档中选择"文件>打开>浏览"选项,在打开的"打开"对话框中选择要打开的文档选项,单击"打开"按钮。

Part 1 Word 办公应用

1.2.2 设置文档段落格式

文档内容输入完成后,为了使文档看上去更美观,用户还需对文档的段落间距、行间距等进行设置。为段落文本设置项目符号和编号,可以使文档条理更清楚,重点更突出。

(1) 设置段落间距

设置文档段前段后间距,可以使文档条理清晰,一目了然。

Step01: 选择文档中的标题文本,在"开始"选项卡下的"段落"选项组中单击"居中"按钮,设置文本居中显示。

Step02: 保持标题文本为选中状态,单击"段落"选项组的对话框启动器按钮,将打开"段落"对话框。

Step03: 在"段落"对话框的"缩进和间距"选项卡下的"间距"选项区域中,为所选文本设置合适的"段前"和"段后"值后,单击"确定"按钮即可。

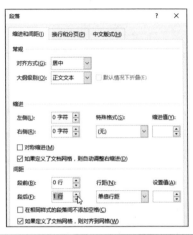

(2) 设置行间距

在 Word 文档中,不同的字体,即使字号相同其行间距也会有所不同,在对文档进行编辑时,用户可以根据需要自行调整文档的行间距大小。

Step01: 选中需要设置行间距的文本,在"开始"选项卡下的"段落"选项组中单击"行和段落间距"下三角按钮。

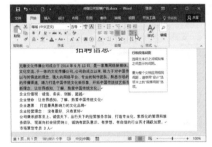

Step02: 在"行和段落间距"下拉列表中选择合适的选项,设置文档的行间距大小。

Step03： 用户也可以选中需要设置行间距的文本，单击"段落"选项组的对话框启动器按钮。

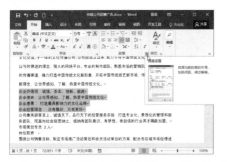

Step04： 打开"段落"对话框的"缩进和间距"选项卡，单击"间距"选项区域中的"行距"下三角按钮，选择所需行距选项。

（3）设置项目符号和编号

在对文档进行编辑处理时，为段落文本设置项目符号和编号，可以使文档条理更清楚，重点更突出。

Step01： 选中需要添加项目符号的文本，在"开始"选项卡下的"段落"选项组中，单击"项目符号"下三角按钮。

Step02： 在下拉列表中选择所需的项目符号样式，即可为所选段落添加项目符号。

Step03： 用户还可以在"项目符号"下拉列表中选择"定义新项目符号"选项。

19

Part 1　Word 办公应用

Step04: 在打开的"定义新项目符号"对话框中，单击"符号"或"图片"按钮，设置自定义的项目符号样式。

Step05: 要设置段落文本的编号样式，则选中文本后，单击"段落"选项组中的"编号"下三角按钮。

Step06: 在下拉列表中选择所需的编号样式选项即可。

■ **操作解惑：删除编号样式**

要删除段落文本中的编号样式，则在"编号"下拉列表中选择"无"选项即可。

(4) 使用格式刷

为段落或文本设置某些格式后，使用格式刷功能可以快速将这些格式复制到其他文本上，提高工作效率。

Step01: 选中需要复制格式的文本，单击"开始"选项卡下的"格式刷"按钮。

Step02: 将光标移至需要复制格式的文本起始位置，此时光标变成小刷子样式。

Step03: 按住鼠标左键拖动到文本结尾处，释放鼠标即可完成格式的复制操作。

■ **技高一筹：多次使用格式刷**

在 **Step01** 中，若将单击"格式刷"按钮改为双击"格式刷"按钮，则可多次将选中格式复制到不连续的段落文本上。

1.2.3 文档的界面显示

文档编辑完成后,用户可以根据需要对文档中各种元素的显示方式进行设置,如设置显示或隐藏段落标记、显示或隐藏功能区、设置文档显示比例或切换视图方式等。

(1) 显示/隐藏段落标记

文档中的段落标记在默认情况下是显示的, 段落标记虽然不会被打印出来, 但有时为了页面的美观和整洁, 用户可以隐藏段落标记。

Step01: 在文档中单击"文件"标签, 选择"选项"选项, 打开"Word选项"对话框。

Step02: 切换至"显示"选项面板, 取消勾选"始终在屏幕上显示这些格式标记"选项区域中的"段落标记"复选框。

Step03: 单击"确定"按钮, 返回文档中查看隐藏段落标记后的效果。

■ **操作解惑:** 显示段落标记

若需要显示段落标记, 则再次打开"Word选项"对话框, 勾选"段落标记"复选框后, 单击"确定"按钮即可。

(2) 显示/隐藏文档功能区

功能区默认情况下显示在程序窗口的最顶端, 当Word界面中需要更多的操作空间时, 用户可以根据需要将其隐藏。

Step01: 默认情况下, Word界面显示功能区中的选项卡和相关命令, 用户可以单击界面右上角的"功能区显示选项"按钮。

Step02: 在打开的下拉列表中, 若选择"自动隐藏功能区"选项, 则整个功能区全部被隐藏。

21

Step03: 若需要显示选项卡, 则单击界面右上角的"显示功能区选项"按钮, 选择"显示选项卡"选项。

Step02: 打开"显示比例"对话框, 选择文档的显示比例, 或直接在"百分比"数值框中设置所需的文档显示比例数值。

Step04: 若需要显示选项卡和所有相关命令, 则单击"显示功能区选项"按钮, 选择"显示选项卡和命令"选项。

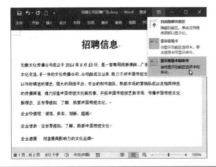

(3) 设置文档的显示比例

在进行文档浏览时, 用户可以根据需要增大或缩小页面的显示比例, 以便更清晰地查看文档细节或总体浏览页面。

Step01: 切换到"视图"选项卡, 在"显示比例"选项组中, 单击"显示比例"按钮。

■ 技高一筹: 其他设置文档显示比例的方法

● 直接按住键盘上的 Ctrl 键, 然后滚动鼠标中键, 快速更改文档的显示比例。

● 根据需要拖动文档窗口右下角的显示比例滑块, 放大或缩小显示比例。

● 直接单击文档窗口右下角的缩放级别按钮, 在打开的"显示比例"对话框中, 设置文档的显示比例。

● 直接单击文档右下角的"缩小"或"放大"按钮, 即可快速设置文档的显示比例。

(4) 视图方式切换

Word提供了五种不同的视图模式供用户选择，分别为页面视图、阅读版式视图、Web版式视图、大纲视图和草稿视图。下面介绍两种切换视图模式的方法。

方法1：在"视图"选项卡下切换

打开Word文档后，切换至"视图"选项卡，单击"文档视图"选项组中对应的视图按钮，即可切换文档视图。

方法2：使用视图选择按钮切换

打开Word文档后，单击在状态栏右侧相应的视图按钮，即可切换相应的文档视图。

■ **操作解惑：显示/隐藏标尺、网格线**

打开Word文档后，切换至"视图"选项卡，在"显示"选项组中勾选"标尺"复选框，即可显示标尺。

要显示网格线，则在"显示"选项组中勾选"网格线"复选框。

1.2.4 文档的打印设置

文档编辑完成后，用户可以根据需要对文档执行打印输出操作，以便更方便地传阅文档内容。

Step01： 打开文档后，单击"文件"标签，选择"打印"选项。

Step02： 要设置打印份数，则在打开的"打印"选项面板中，对文档的打印份数进行相应的设置。单击"份数"微调按钮，设置文档的打印份数。

Step03： 要设置打印范围，则在"设置"选项区域，单击"打印所有页"下三角按钮，在展开的下拉列表中设置打印整个文档，或是只打印指定的页面。

Step04: 若设置打印页面, 则单击"单面打印"下三角按钮, 在展开的下拉列表中选择"单面打印"或"手动双面打印"选项。

Step05: 若设置打印方向, 则单击"纵向/横向"下三角按钮, 选择横向打印或纵向打印。

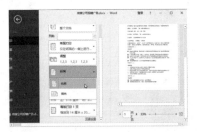

■ 技高一筹: 打印文档中的其他元素

在执行打印操作时, 文档的背景、文档属性或隐藏文字是不会被打印出来的。用户可以选择"文件"选项, 打开"Word选项"对话框, 在"显示"选项面板的"打印选项"选项区域中, 勾选相应的复选框, 设置打印这些页面元素。

Step06: 若需要选择纸张大小, 则单击"A4"下三角按钮, 在下拉列表中选择需要的纸张大小。

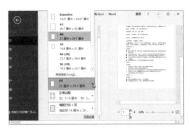

Step07: 打印设置完成后, 单击"打印"按钮, 系统即开始打印设置的文档。

■ 技高一筹: 设置打印行数和每行字符数

对于一些特殊的文档, 在打印的时候会对每页的行数和每行的字数都有要求。切换至"页面布局"选项卡, 单击"页面设置"对话框启动器按钮, 打开"页面设置"对话框, 切换至"文档网格"选项卡下, 对每页行数和每行固定字符数进行设置。

Word 2016

1.2.5 保护文档

文档编辑完成后，用户可以根据文档内容的重要程度，为文档设置不同的保护方式，以防止没有权限的人查看或更改文档内容。Word为用户提供了多种不同的文档保密级别，下面分别进行介绍。

(1) 设置文档打开密码

对于一些非常重要的文档，用户可以为文档设置打开密码，这样不知道密码的人是不能打开文档的。

Step01：在文档中选择"文件>信息"选项，单击"保护文档"下三角按钮，选择"用密码进行加密"选项。

Step02：打开"加密文档"对话框，在"密码"文本框中输入打开文档的密码123456。

Step03：单击"确定"按钮，在打开的"确认密码"对话框中再次输入密码123456后，单击"确定"按钮。

Step04：此时可以看到"信息"面板中提示文档已经加密。

Step05：保存文档并关闭后，再次打开该文档即可看到需要输入密码的提示。

(2) 设置文档的修改密码

如果不希望别人随意修改文档内容，用户可以给文档设置修改密码，只有知道密码的人才可以修改文档内容。

Step01：选择"文件>另存为>选项"选项。

25

Step02: 打开"另存为"对话框，设置文件名后，选择"工具>常规选项"选项。

Step03: 打开"常规选项"对话框，在"修改文件时的密码"文本框中输入 **123456** 后，单击"确定"按钮，在打开的"确认密码"对话框中输入相同的密码后，单击"确定"按钮。

26

Step04: 返回"另存为"对话框，单击"保存"按钮。再次打开该文档时，可以看到需要输入密码的提示，若不知道密码，则单击"只读"按钮，只读文档。

技高一筹：分别设置文档打开和修改密码

在Step03的"常规选项"对话框中，用户可以在"打开文件时的密码"文本框中输入文档的打开密码，在"修改文件时的密码"文本框中输入文档的修改密码。

(3) 隐藏文档中的文字

在对文档内容进行保护时，用户可以根据需要隐藏文档中某些不想让别人查看的内容。

Step01: 选中需要隐藏的内容，单击"开始"选项卡下"字体"选项组的对话框启动器按钮。

Step02: 打开"字体"对话框中的"字体"选项卡，在"效果"选项区域内勾选"隐藏"复选框后，单击"确定"按钮，即可隐藏文档中所选文字。如果用户想重新显示隐藏的文字，则再次打开"字体"对话框，取消"隐藏"复选框的勾选即可。

1.3　创建企业地址变更通知模板

用户在日常办公中,常常需要制作通知、报告或信函等具有固定格式的文档文件。Word中提供了制作此类文档的模板,用户只需创建一个基于模板的文档,然后在内容上稍加修改,即可快速制作出具有专业外观的文档文件。

1.3.1　新建基于模板的文档

在实际工作中,用户除了经常需要创建空白文档外,还可以根据需要使用内置的模板功能,创建更专业的文档文件。下面介绍企业地址变更通知模板文档的创建方法。

Step01: 单击桌面左下角的开始按钮,在打开的开始菜单区域单击Word 2016图标。

Step02: 打开Word开始面板,在模板文档搜索框中输入要搜索的模板名称,单击"开始搜索"按钮。

Step03: 在打开的搜索列表中,选择所需的模板选项,在弹出的该模板文件的预览窗口中,单击"创建"按钮。

Step04: 即可自动下载并创建地址变更通知模板文件。用户根据实际需要,输入相应的文本内容。

■ 技高一筹:充分利用模板资源

Word为用户提供了丰富多样的模板资源,包括内置模板和网络模板。应用模板是创建具有专业外观和设计感文档的快捷方法之一。

27

1.3.2 将现有文档保存为模板

在文档中设置了文档样式后，若想将设置的样式应用到新文档中，可将该文档样式保存为模板，之后直接调用，方便快捷。下面介绍将现有文档保存为模板的操作方法，具体如下。

Step01： 打开需要保存为模板的文档后，选择"文件>另存为"选项。

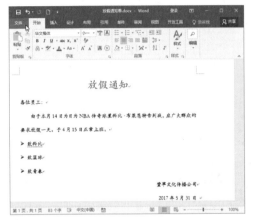

Step02： 在打开的"另存为"面板中，选择"浏览"选项。

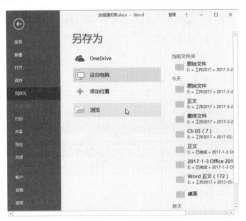

Step03： 打开"另存为"对话框，选择自定义模板的保存位置后，单击"保存类型"按钮，在下拉列表中选择"Word模板(*.docx)"选项。

Step04： 打开模板文件所在的文件夹，双击该模板文件，将其打开。

Step05： 用户只需根据需要对文档内容稍加修改，即可创建新文档。

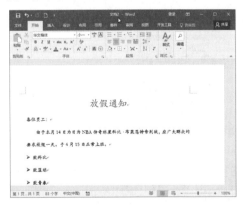

知识大放送

Q? 如何设置文档默认保存位置？

A. 一般来说，Word 文档的默认保存路径是系统自动指定的，用户可以根据需要自定义文档的默认保存位置。

Step01：执行"文件 > 选项"命令，打开"Word 选项"对话框。切换至"保存"选项面板，在"保存文档"选项区域中，单击"默认本地文件位置"右侧的"浏览"按钮。

Step02：在打开的"修改位置"对话框中，选择文档的默认保存位置后，单击"确定"按钮即可。

Q? 如何自定义快速访问工具栏？

A. Word 的快速访问工具栏通常位于窗口界面的左上角，用于放置一些常用的工具和命令。用户可以根据需要，将常用的工具或命令添加到快速访问工具栏中。

方法 1：单击 Word 界面左上角的"自定义快速访问工具栏"下三角按钮，在下拉列表中选择要添加到快速访问工具栏中的工具或命令，即可将选择的工具或命令选项添加到快速访问工具栏中。
方法 2：单击"自定义快速访问工具栏"下三角按钮，在下拉列表中选择"其他命令"选项。在打开的"Word 选项"对话框中的"快速访问工具栏"面板中，对快速访问工具栏进行更多的设置。 

Q? 如何更改文档的默认字体字号？

A Word文档默认的字体为中文宋体、五号，用户可以根据需要更改文档的默认字体，使其更加符合自己日常文本格式设置的需要。

在"开始"选项卡下单击"字体"选项组的对话框启动器按钮，打开"字体"对话框的"字体"选项卡，设置文本的字体、字形和字号后，单击"设为默认值"按钮进行设置。

Q? 如何设置Word操作界面颜色？

A Word 文档的界面颜色有彩色、深灰白和白色3种，用户可以根据自己的喜好和工作需要进行选择。

执行"文件>选项"命令，打开"Word选项"对话框，在"常规"选项面板中，单击"Office 主题"右侧的下三角按钮，选择所需的界面颜色选项。

Q? 如何进行汉字的繁简转换？

A 使用 Word 内置的中文繁简转换功能，可以非常方便地将简体中文转换为繁体中文。选择需要转换为繁体字的简体中文，切换至"审阅"选项卡，单击"中文繁简转换"选项组中的"简转繁"按钮即可。

Word 2016

Chapter 02　文档的美化操作

本章概述

本章将通过使用 Word 创建策划方案、宣传海报等文档的过程，详细介绍文档美化的操作，包括设置首字下沉效果、设置文档边框效果、设置文档背景效果、为文档添加水印效果、在文档中应用艺术效果以及在文档中创建文本框的操作方法。

要点难点

◇ 为文本应用双行合一版式
◇ 对文档进行分栏
◇ 设置文档页面边框
◇ 设置文档背景效果
◇ 为文档应用主题样式
◇ 在文档中创建艺术字
◇ 在文档中插入文本框

本章案例文件

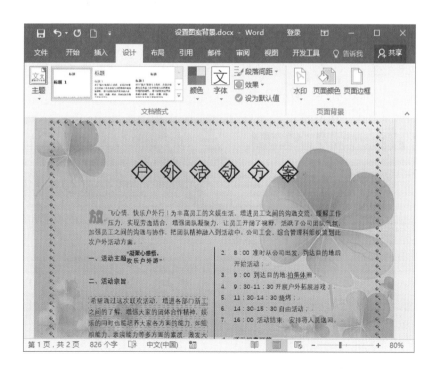

2.1 制作集体活动策划方案

一般企业会不定时地进行集体活动, 让员工开阔视野, 活跃公司团队气氛, 加强员工之间的沟通与协作, 把团队精神融入到工作中。下面通过制作企业集体活动策划方案的文档, 来详细介绍文档页面美化设置的相关操作。

2.1.1 设置首字下沉

对于一些风格比较活泼的文档, 可以使用首字下沉的排版方式使文档中的首字更加醒目, 达到引起读者关注的效果。下面介绍为"集体活动策划方案.docx"文档设置首字下沉效果的操作方法。

Step01: 将光标置于要设置首字下沉的段落中, 切换至"插入"选项卡, 单击"文本"选项组中的"首字下沉"下三角按钮。

Step02: 在下拉列表中选择首字下沉的相关选项, 设置首字下沉效果。

Step03: 用户也可以在"首字下沉"下拉列表中选择"首字下沉选择"选项, 打开对话框, 对首字下沉效果进行更多设置。

Step04: 单击"确定"按钮返回文档中, 单击"开始"选项卡下的"字体颜色"下三角按钮, 选择合适的字体颜色后, 查看设置的首字下沉效果。

2.1.2 设置双行合一效果

Word的双行合一功能可以将多个同样级别的标题在一行中显示两行文字，然后在相同的行中继续显示单行文字，实现单行、双行文字的混排效果。

Step01：选择要设置双行合一效果的文本，在"开始"选项卡下的"段落"选项组中，单击"中文版式"下三角按钮，选择"双行合一"选项。

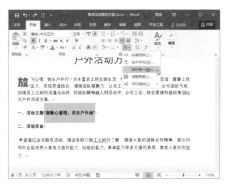

Step02：在打开的"双行合一"对话框中，设置文本双行合一的效果后，单击"确定"按钮。

Step03：返回文档中可以看到，字体变小了。这时用户可以选择设置双行合一效果的文本。选择需要设置字体、字号的文本，在"字体"选项组中单击"字号"下三角按钮。

Step04：在下拉列表中选择"小二"字号选项。

Step05：将光标定位到设置双行合一文本前方，通过按下空格键调整文字间距并查看效果。

2.1.3 设置文档分栏

在对 Word 文本版式进行设置时, 用户可以根据需要对文本版式进行分栏设置, 从而使版面更美观、阅读更方便。

Step01: 在文档中选择需要进行分栏的文本, 切换至"布局"选项卡, 单击"页面设置"选项组的"分栏"下三角按钮, 在下拉列表中选择所需的分栏选项。

Step02: 选择"两栏"选项后, 可以看到所选文本已经被平均分为两栏了。

■ 操作解惑: 关于文档分栏

文档分栏功能在报刊或杂志的排版中使用频率比较高, 用户可以根据需要将这些栏目设置成等宽的, 也可以设置成不等宽的, 以使整个页面显得更加错落有致。

Step03: 用户也可以根据需要对文档进行更多分栏设置。选择需要进行分栏的文本后, 在下拉列表中选择"更多分栏"选项。

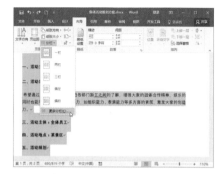

Step04: 在打开的"分栏"对话框中, 进行所需的分栏设置后, 单击"确定"按钮。

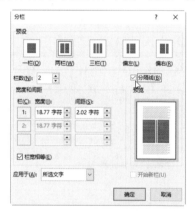

Step05: 返回文档中, 查看添加分隔线后的分栏效果。

Word 2016

2.1.4 设置页面边框

在对文档进行编辑美化过程中, 为文本添加边框效果, 既可以凸显文本的统一性, 又可以起到美化的作用。在 Word 中, 用户可以根据需要为文本、段落或整个页面添加边框。

(1) 设置字符边框

在 Word 文档中, 用户可以使用"字符边框"功能, 为文本添加边框效果。

选择需要设置字符边框的文本, 在"开始"选项卡下的"字体"选项组中单击"字符边框"按钮, 即可为所选文本添加边框。

效果如下:

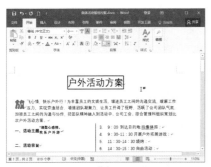

(2) 设置带圈字符

在文档编辑时, 为文本设置带圈效果可以起到强调文本的作用。

Step01: 选择要添加带圈字符的文本, 在"开始"选项卡下的"字体"选项组中单击"带圈字符"按钮。

Step02: 打开"带圈字符"对话框, 设置带圈字符的样式和圈号。

Step03: 单击"确定"按钮返回文档中, 查看设置的效果。

Step04: 用同样的方法为其他文本设置相同样式的带圈字符。

(3) 设置段落边框

用户可以根据需要为文档中的段落设置边框效果,具体如下。

Step01: 选择需要设置边框效果的段落,在"开始"选项卡下的"段落"选项组中,单击"边框"下三角按钮。

Step02: 在打开的"边框"下拉列表中,选择所需的边框效果,即可为所选段落文本添加边框效果。

Step03: 若想为段落文本设置更多的边框效果,则在"边框"下拉列表中选择"边框和底纹"选项。

Step04: 打开"边框和底纹"对话框,切换至"边框"选项卡,根据需要设置所选段落文本的边框效果。

Step05: 单击"确定"按钮返回文档中,查看设置的效果。

(4) 设置页面边框效果

用户还可以根据需要设置文档整个页面的边框效果，具体操作方法如下。

Step01：打开文档后，切换至"设计"选项卡，单击"页面背景"选项组中的"页面边框"按钮。

Step02：打开"边框和底纹"对话框，在"页面边框"选项卡下设置页面的边框效果。

Step03：单击"确定"按钮，返回文档中查看设置的页面边框效果。

Step04：要设置页面边框的艺术效果，则在"边框和底纹"对话框中单击"艺术型"下三角按钮，选择合适的样式选项。

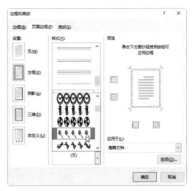

Step05：单击"确定"按钮，返回文档中查看设置的效果。

操作解惑：取消页面边框的设置效果

打开"边框和底纹"对话框，在"设置"选项列表框中选择"无"选项即可。

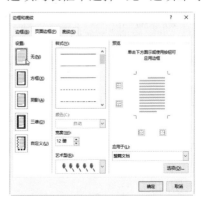

2.1.5 设置页面底纹

在文档中添加边框效果后,为了使文档更加美观,更容易突出重点,用户还可以设置文本、段落或整个文档页面的底纹效果。下面介绍具体操作方法。

(1) 设置字符底纹

为了凸显某些文本,用户可以为其添加底纹效果,具体如下。

Step01: 选择需要设置底纹的文本,在"开始"选项卡下的"字体"选项组中单击"以不同颜色突出显示文本"下三角按钮。

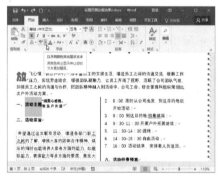

Step02: 在打开的下拉列表中选择所需的字符底纹颜色选项,即可为所选文本应用底纹效果。

Step03: 选择应用底纹效果的文本,在"开始"选项卡下的"剪贴板"选项组中,双击"格式刷"按钮。

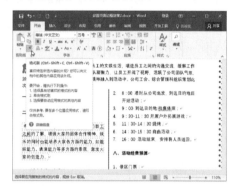

Step04: 分别为其他需要设置底纹效果的文本复制相同的格式后,再次单击"格式刷"按钮,退出格式刷模式。

■ **技高一筹:其他设置文本底纹方法**

选中需要设置底纹效果的文本,切换至"开始"选项卡,在"字体"选项组中单击"字符底纹"按钮,Word将自动为选择的文本添加灰色无边框的矩形底纹效果。

(2) 设置段落底纹

除了设置文本的底纹,用户还可以根据需要设置文档段落的底纹效果。

Step01: 按住 **Ctrl** 键不放,同时选中多个不连续的段落。单击"开始"选项卡下的"边框"下三角按钮,在下拉列表中选择"边框和底纹"选项。

Step02: 打开"边框和底纹"对话框,切换到"底纹"选项卡,单击"填充"下三角按钮,在下拉列表中选择所需的底纹颜色后,单击"确定"按钮。

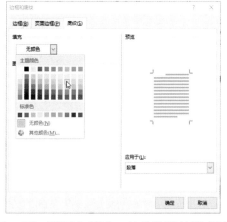

Step03: 返回文档中,查看设置的段落底纹效果。

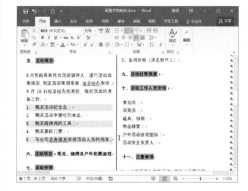

2.1.6 设置页面背景

要对创建的文档进行美化操作,可以为文档添加相应的背景效果。文档的页面背景设置包括纯色、渐变、纹理、图案以及图片等,下面分别进行介绍。

(1) 设置纯色背景

在为文档添加背景颜色时,用户可以直接应用"页面颜色"下拉列表中的颜色选项进行快速设置。

Step01: 打开文档后,切换至"设计"选项卡,在"页面背景"选项组中单击"页面颜色"下三角按钮。

Step02: 在打开的下拉列表中选择所需的颜色，即可将页面背景设置为该颜色。

(2) 设置渐变色背景

如果用户觉得设置纯色页面背景太过单调，可以为文档设置渐变背景色，具体操作如下。

Step01: 在"设计"选项卡下单击"页面颜色"下三角按钮，选择"填充效果"选项。

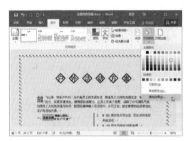

Step02: 打开"填充效果"对话框，在"渐变"选项卡下设置页面背景的渐变效果。

Step03: 单击"确定"按钮返回文档中，查看设置的渐变背景效果。

(3) 设置纹理背景

为文档设置纹理填充效果，可以让页面背景显得更有质感，具体操作如下。

Step01: 在"填充效果"对话框的"纹理"选项卡下，选择所需的纹理效果选项。

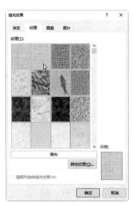

Step02: 单击"确定"按钮返回文档中，查看设置的纹理背景效果。

(4) 设置图案背景

下面介绍为文档背景设置图案填充效果, 具体操作如下。

在"填充效果"对话框的"图案"选项卡下选择图案样式, 并选择所需的前景色和背景色, 单击"确定"按钮。返回文档中查看设置效果。

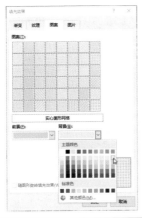

(5) 设置图片背景

若用户对Word内置的页面背景效果不满意, 可以将自己喜欢的图片设置为背景效果, 具体操作如下。

Step01: 在"填充效果"对话框的"图案"选项卡下, 单击"选择图片"按钮。

Step02: 打开"插入图片"选项面板, 单击"来自文件"右侧的"浏览"按钮。

Step03: 打开"选择图片"对话框, 选择所需的背景图片后, 单击"插入"按钮。

Step04: 返回"填充效果"对话框, 预览效果后单击"确定"按钮, 返回文档中查看将所选图片设置为文档页面背景的效果。

■ 操作解惑: 取消页面背景设置

要取消设置的页面背景效果, 则在"设计"选项卡下的"页面背景"选项组中, 单击"页面颜色"下三角按钮, 在下拉列表中选择"无颜色"选项即可。

Part 1 Word 办公应用

2.1.7 设置水印效果

有时为了文档的特殊性和专利性，用户可以为文档添加水印效果。在文档中插入水印，可以增加文档的识别性，一般是插入某种特别文本，或企业Logo等图片。

(1) 插入内置水印

用户可以直接为文档添加内置的水印效果，方便快捷，具体操作如下。

Step01: 打开文档后，切换至"设计"选项卡，在"页面背景"选项组中单击"水印"下三角按钮。

Step02: 在下拉列表中选择所需的水印样式，即可应用到文档中。

(2) 自定义水印

用户可以根据需要，自定义水印的文本样式或将图片设置为水印效果。

Step01: 在"水印"下拉列表中选择"自定义水印"选项，打开"水印"对话框，选择"图片水印"单选按钮后，单击"选择图片"按钮。

Step02: 打开"插入图片"选项面板，单击"来自文件"右侧的"浏览"按钮。打开"插入图片"对话框，选择要设置为水印的图片后，单击"插入"按钮。

Step03: 返回文档中，查看添加图片水印的效果。

2.1.8 应用文档快速样式

样式是多种格式的集合,应用快速样式可以非常方便地为文档中多处文本应用相同的格式效果。除了内置的快速样式外,用户还可以根据需要自定义快速样式。

(1) 应用内置样式

用户可以直接为所选文本添加内置的文本样式,具体操作如下。

Step01: 选中要应用快速样式的文本,在"开始"选项卡下单击"样式"下三角按钮。

Step02: 在下拉列表中选择所需的文本样式选项,即可为所选文本应用该文本样式。

(2) 修改内置样式

用户如果觉得内置的文本样式不符合要求,可以对样式进行修改,具体操作如下。

Step01: 在"开始"选项卡下单击"样式"

选项组的"其他"下三角按钮,选择需要修改的样式选项并右击,在弹出的快捷菜单中选择"修改"命令。

Step02: 打开"修改样式"对话框,在"格式"选项区域中设置所选样式字体、字号和字体颜色等格式。

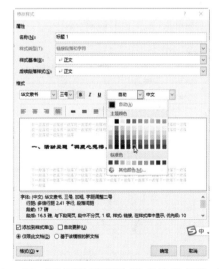

Step03: 要想设置所选样式的段落格式,则单击"修改样式"对话框左下角的"格式"下三角按钮,在下拉列表中选择"段落"选项。

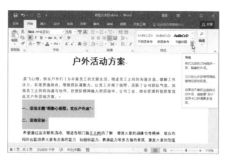

Step06: 在打开的样式选项列表中, 选择刚刚修改的"标题1"样式, 即可应用到所选文本。

Step04: 在打开的"段落"对话框中, 设置所选样式的段落格式后, 单击"确定"按钮, 返回"修改样式"对话框。

(3) 创建新样式

在实际工作中, 用户可以应用创建样式功能, 将常用的文本样式添加到快速样式列表中, 具体操作如下。

Step01: 在"开始"选项卡下单击"样式"选项组的对话框启动器按钮。

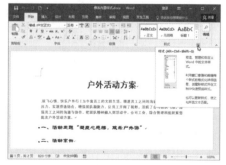

Step05: 继续单击"确定"按钮, 返回文档中。选中要设置样式的文本, 单击"样式"选项组的"其他"下三角按钮。

Step02: 在打开的"样式"选项面板中, 单击面板左下角的"新建样式"按钮。

Step03: 打开"根据格式化创建新样式"对话框, 在"名称"文本框中设置新建样式的名称后, 单击"格式"下三角按钮, 选择"字体"选项。

Step04: 打开"字体"对话框的"字体"选项卡, 设置新样式的字体效果后, 单击"确定"按钮。

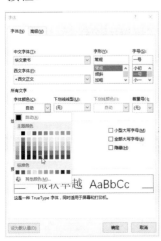

Step05: 返回"根据格式化创建新样式"对话框, 预览设置的样式效果后, 单击"确定"按钮。

Step06: 返回文档中, 单击"样式"面板右上角的"关闭"按钮。

Step07: 单击"样式"选项组的"其他"下三角按钮, 即可在下拉列表中查看刚刚新建的"常用标题样式"。

Part 1　Word 办公应用

2.1.9 应用文档主题样式

文档主题是由主题颜色、字体和效果组成的。在Word中编辑文档时，用户可以使用Word的主题效果快速格式化整个文档。若内置的主题样式不能满足要求，用户还可以根据需要自定义文档主题样式。

(1) 应用文档主题

在日常办公中，用户可以直接应用系统内置的主题样式，快速设置整个文档的样式效果，具体如下。

Step01：打开文档后，切换至"设计"选项卡，单击"文档格式"选项组中的"主题"下三角按钮，选择所需的主题样式。

Step02：返回文档中，可以看到文档的颜色、字体和效果都变为所选择的主题样式。

(2) 创建自定义主题

用户可以在文档中创建自定义的主题颜色、字体和效果，下面介绍具体操作方法。

Step01：在文档中设置所需的主题样式的格式效果后，单击"主题"下三角按钮，选择"保存当前主题"选项。

Step02：打开"保存当前主题"对话框，选择主题的保存位置，并设置主题的名称后，单击"保存"按钮。

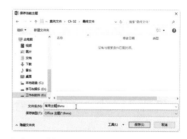

■ 技高一筹：设置文档格式

除了使用主题样式对文档格式进行美化设置外，在"设计"选项卡下的"文档格式"选项组中，用户还可以根据需要对文档的样式、颜色、字体、段落间距和效果等进行统一的设置。

2.2 制作企业宣传海报

宣传海报又称招贴画,是企业用于宣传的重要手段之一,常用于商品的宣传、扩大企业品牌知名度或提升企业形象。下面通过企业宣传海报文档的制作过程,详细介绍Word文档中艺术字和文本框的创建以及编辑的操作方法。

2.2.1 设置页面方向

在Word文档中,默认的页面通常设置为纵向A4,当需要编辑一些宽幅文档内容时,用户可以根据实际需要更改页面方向为横向,以达到所需的效果。

Step01: 单击桌面右下角的开始按钮,在打开程序列表右侧的浮动面板中,单击Word 2016图标。

Step02: 在打开的Word开始面板中,选择"空白文档"选项。

Step03: 新建"文档1"空白文档,切换至"布局"选项卡,单击"页面设置"选项组中的"纸张方向"下三角按钮,在下拉列表中选择"横向"选项。

Step04: 此时可在横向页面文档中输入所需的文本,并对文本的格式进行相应的设置。

■ **操作解惑:在对话框中设置**
用户可以单击"页面设置"选项组的对话框启动器按钮,打开"页面设置"对话框,在"页边距"选项卡下的"纸张方向"选项区域中,设置页面的方向。

47

2.2.2　在文档中插入艺术字

艺术字是Word中经过特殊处理的文字,用户可以在文档中的适当位置插入艺术字,使文档呈现出不同的效果,更加美观,使文本内容更加醒目。

Step01: 在"设计"选项卡下的"页面背景"选项组中,单击"页面颜色"下三角按钮,选择"填充效果"选项。

Step02: 打开"填充效果"对话框,单击"图片"选项卡下的"选择图片"按钮。

Step03: 在打开的"选择图片"对话框中,选择要设置为文档背景的图片后,单击"插入"按钮。

Step04: 返回文档中,切换至"插入"选项卡,单击"文本"选项组中的"艺术字"下三角按钮,选择合适的艺术字效果选项。

Step05: 此时在文档中会自动插入一个所选艺术字样式的文本框。

Step06: 根据需要, 直接在文本框中输入所需的文字。

Step07: 用户也可以将已有文本转换为艺术字。首先在文档中输入需要转换为艺术字的文本。

Step08: 选中输入的文字, 在"插入"选

项卡下的"文本"选项组中, 单击"艺术字"下三角按钮, 在下拉列表中选择所需的艺术字样式选项。

Step09: 即可将所选文本转换为选择的艺术字样式。

2.2.3 编辑艺术字

　　在文档中插入艺术字后, 若对艺术字效果不满意, 用户可以对艺术字进行重新编辑, 如设置艺术字的大小、形状样式、形状效果等。如果对所选艺术字样式不满意, 还可以更改艺术字样式。

(1) 设置艺术字大小

　　在文档中插入艺术字后, 用户还可以根据页面的排版需要, 设置艺术字的大小, 具体操作如下。

Step01: 选中艺术字文本框后, 切换至"开始"选项卡, 在"字体"选项组中单击"字号"下三角按钮。

49

Step02: 在打开的"字号"下拉列表中，选择合适的字号选项。

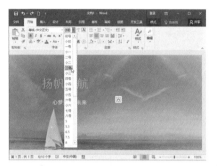

Step03: 切换至"绘图工具–格式"选项卡，在"大小"选项组中，单击"高度"和"宽度"数值框右侧的微调按钮，设置艺术字文本框的大小。

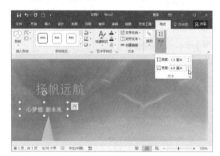

■ 技高一筹：快速设置艺术字大小

选中艺术字后，将光标置于艺术字右下角的控制点，当指针变为双向箭头时，向内拖动鼠标即可缩小艺术字，向外拖动鼠标即可放大艺术字。

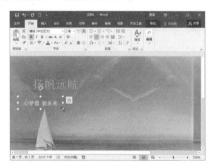

（2）移动艺术字

选中文档中插入的艺术字文本框，此时光标变为十字双向箭头，按住鼠标左键不放，并进行拖动，即可移动艺术字在页面中的位置。

■ 操作解惑：旋转艺术字

选中艺术字后，将光标置于艺术字上方的旋转手柄处，当光标变成旋转形状后，拖动鼠标，即可随意旋转艺术字。

除了手动旋转艺术字外，用户还可以在"绘图工具–格式"选项卡下的"排列"选项组中，单击"旋转"下三角按钮，选择所需的旋转选项。

（3）设置艺术字效果

创建艺术字后，用户还可以对其进行进一步美化操作，具体如下。

Step01: 选中艺术字文本框，在"开始"选项卡下的"字体"选项组中单击"字体"下三角按钮，选择所需的字体选项。

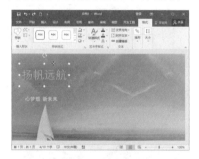

Step02: 单击"字号"下三角按钮,选择合适的艺术字大小选项。

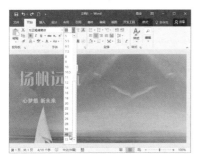

Step03: 切换至"绘图工具-格式"选项卡,在"艺术字样式"选项组中,单击"文本填充"下三角按钮,设置艺术字填充颜色。

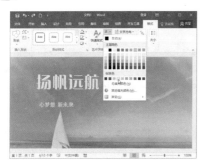

Step04: 在"艺术字样式"选项组中,单击"文本轮廓"下三角按钮,设置艺术字的轮廓颜色。

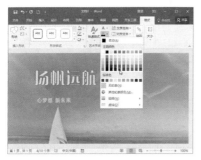

Step05: 单击"文字效果"下三角按钮,设置艺术字的三维旋转效果。

Step06: 选择需要设置文字转换效果的艺术字文本框,单击"艺术字样式"选项组中的"文字效果"下三角按钮。

Step07: 在下拉列表中选择"转换"选项,然后在子列表中选择所需的样式效果。

■ 操作解惑:设置艺术字的形状效果

要设置艺术字的形状效果,则切换至"绘图工具-格式"选项卡,在"形状样式"选项组中,设置艺术字的形状填充、形状轮廓以及形状效果等。

51

2.2.4 插入文本框

在Word文档中,若需要进行一些特殊文本版式处理时,可以在文档中插入文本框。使用文本框可以在页面任何位置输入所需的文本,使Word文档的版面设置更加灵活。

(1) 插入文本框

Word提供的内置文本框,用户可以很方便地选择并插入到文档中。

Step01: 在文档中切换至"插入"选项卡,单击"文本"选项组中的"文本框"下三角按钮,选择所需的文本框样式,即可在文档中插入所选的简单文本框。

Step02: 按下键盘上的**Delete**键或**Backspace**键,删除文本框中的内容。

■ **操作解惑:绘制文本框**

用户还可以在"插入"选项卡下的"文本"选项组中,单击"文本框"下三角按钮,在下拉列表中选择"绘制文本框"选项,在文档页面绘制所需大小的文本框。

Step03: 根据需要,在文本框中输入所需的文本内容。

(2) 编辑文本框

在文档中创建文本框后,用户可以根据需要对文本框进行相应的编辑操作,使其更加符合要求。

Step01: 选择已创建的文本框,切换至"开始"选项卡,在"字体"选项组中对文本框的字体字号进行设置。

Step02: 将光标移至文本框的右下角,待光标变为双向箭头形状时,按住鼠标左键不放并拖动,设置文本框的大小。

Step03: 选中文本框, 按住鼠标左键不放并拖动, 将文本框移至文档页面的合适位置。

Step04: 切换至"绘图工具-格式"选项卡, 在"艺术字样式"选项组中, 单击"快速样式"下三角按钮, 选择合适的文本样式。

Step05: 单击"艺术字样式"选项组中的"文本填充"下三角按钮, 在下拉列表中选择合适的字体颜色选项。

Step06: 单击"文本填充"下三角按钮, 在下拉列表中选择"无填充颜色"选项。

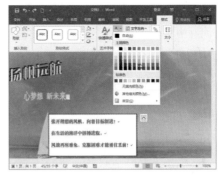

Step07: 单击"文本轮廓"下三角按钮, 在下拉列表中选择"无轮廓"选项。

(3) 绘制竖排文本框

用户还可以根据需要, 在文档中创建竖排文本框, 使输入的文字竖排显示, 达到不同的排版效果。

53

Step01: 切换到"插入"选项卡, 在"文本"选项组中单击"文本框"下三角按钮, 选择"绘制竖排文本框"选项。

54

Step02: 此时光标变为十字形状, 按住鼠标左键不放并进行拖动, 绘制竖排文本框。

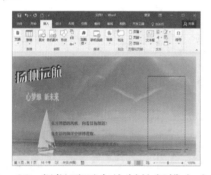

Step03: 根据需要在绘制的竖排文本框中输入文本内容。

Step04: 按下 Enter 键, 在新的一列中继续输入所需的文本内容。

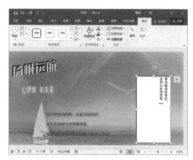

Step05: 选中创建的竖排文本框, 切换至"开始"选项卡, 在"字体"选项组中对文本框中文字的字体格式进行设置。

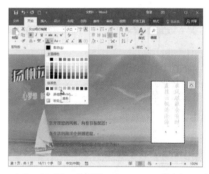

Step06: 切换至"绘图工具-格式"选项卡, 在"形状样式"选项组中, 设置文本框的"形状填充"为"无填充颜色", 设置"形状轮廓"为"无轮廓"。

Step07: 选中创建的竖排文本框, 按住鼠标左键不放并拖动, 将其移至页面合适位置。

档执行保存操作。

Step08：单击"保存"按钮，对创建的文

55

知识大放送

Q? 如何设置文档中的文字为竖直排列？

A 在Word文档中对文字进行版式编排时，用户可以根据需要设置不同的文字方向，以达到不同的页面展示效果。

选中需要设置竖直排列的文本，切换至"布局"选项卡，单击"页面设置"选项组中的"文字方向"下三角按钮，选择"垂直"选项，即可将所选文字竖直排列在文档页面中。

Q? 如何快速清除文本格式？

A 当用户对文档中的文本进行格式设置，或在网页等地方复制了带有格式的文本后，可以单击"开始"选项卡下"字体"选项组中的"清除所有格式"按钮，将文本格式清除，只保留文本内容。

Q? 如何翻译Word文档中的文本？

A Word没有内置的翻译功能，用户可以根据需要借助Microsoft Translator的在线翻译服务帮助翻译文档中的内容。

Step01： 打开Word文档后，切换至"审阅"选项卡，单击"语言"选项组中的"翻译"下三角按钮，选择"翻译文档"选项。

Step02： 在打开的"翻译整个文档"对话框中，单击"是"按钮。在计算机联网的情况下，即可在自动打开的"在线翻译"窗口中，查看翻译效果。

Q? 如何创建具有信纸效果的文档？

A 使用Word的稿纸设置功能，用户可以创建出具有信纸效果的文档。

Step01： 打开Word文档后，切换至"布局"选项卡，单击"稿纸"选项组中的"稿纸设置"按钮。在打开的"稿纸设置"对话框中，单击"格式"下三角按钮，选择"方格式稿纸"选项。

Step02： 单击"确定"按钮返回文档中，查看具有信纸效果的文档。

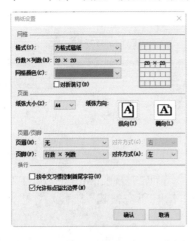
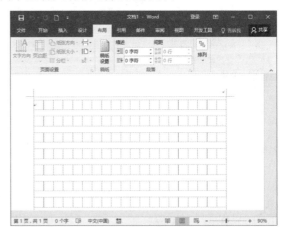

Chapter 03 文档中的表格应用

本章概述

本章将通过使用Word在文档中制作值班表、日常支出统计表等表格的过程,详细介绍文档表格的应用,包括表格的创建、绘制斜线表头、编辑表格、在表格中分析数据、在表格中执行计算、美化表格以及在文档中创建图表的操作方法。

要点难点

◇ 创建表格
◇ 绘制斜线表头
◇ 设置表格行高列宽
◇ 单元格的拆分与合并
◇ 分析表格中数据
◇ 在文档中创建图表

本章案例文件

57

3.1 制作值班表

任何企业单位都少不了制作值班表,作为一名办公室人员,经常会遇到排值班表的情况。本节将通过创建值班表的过程,详细讲解 Word 中表格的应用,包括如何创建表格、绘制表格、设置行高列宽以及插入与删除表格行列等。

3.1.1 创建表格

使用 Word 文档除了可以输入和编辑文本外,用户还可以根据需要在文档中使用表格来展示数据,使信息更简单明了,下面具体介绍表格的创建方法。

在 Word 文档中插入表格的方法有两种,下面分别进行介绍。

方法 1:直接插入表格

Step01:打开文档后,切换至"插入"选项卡,单击"表格"选项组中的"表格"下三角按钮。

Step02:在下拉列表中选择要插入表格的行列数,最多可以插入 8 行 10 列的表格。

方法 2:通过对话框插入

Step01:用户也可以在"插入"选项卡下,单击"表格"选项组中的"表格"下三角按钮,选择"插入表格"选项。

Step02:在打开的"插入表格"对话框中,设置要创建表格的行列数后,单击"确定"按钮。

Step03: 返回文档中, 查看在文档中插入表格的效果。

■ 技高一筹: 插入带有固定格式的表格

用户若想插入系统中带有固定格式的表格, 则单击"表格"下三角按钮, 在下拉列表中选择"快速表格"选项, 在其子列表中选择所需的选项, 即可将所选表格样式插入文档中。

3.1.2 绘制表格

在 Word 2016 文档中, 用户除了可以使用插入表格的方法创建表格外, 还可以采用手动绘制的方法, 来创建所需的表格。下面介绍绘制表格的操作方法。

(1) 手动绘制表格

在 Word 文档中手动绘制表格, 可以轻松创建我们所需大小或所需行高列宽的表格, 具体操作方法如下。

Step01: 在文档中切换至"插入"选项卡, 单击"表格"下三角按钮, 选择"绘制表格"选项。

Step02: 此时光标将变为笔的形状, 按住鼠标左键从左上向右下拖动, 绘制表格的外边框。

Step03: 将光标移至表格边框内, 按住鼠标左键并横向拖动, 绘制表格行。

Part 1 Word 办公应用

Step04: 在表格边框内按住鼠标左键纵向拖动,绘制表格列。

(2) 绘制斜线表头

在表格绘制过程中,用户可以根据实际版式需要,创建带有斜线表头的表格。

Step01: 切换至"表格工具–布局"选项卡,单击"绘图"选项组中的"绘制表格"按钮,在需要绘制斜线表头的单元格中绘制。

■ 技高一筹:快速插入斜线表头

选中需要插入斜线的单元格,切换至"表格工具–设计"选项卡,单击"边框"选项组中的"边框"下三角按钮。在下拉列表中选择"斜下框线"选项,即可在所选单元格中插入所选的斜线表头样式。

Step02: 切换至"插入"选项卡,单击"文本"选项组中的"文本框"下三角按钮,选择"简单文本框"选项。

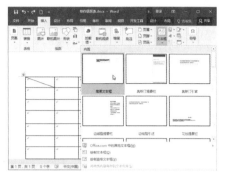

Step03: 返回文档中,将插入文本框中的文字删除,调整文本框大小并输入所需的文字内容。

Step04: 单击文本框右上角的"布局选项"按钮,选择"浮于文字上方"选项。

Step05: 将文本框移至合适的位置后,选中文本框并按住Ctrl键,待光标上出现十字形状时,拖动鼠标复制一个文本框,并输入相应的文字。

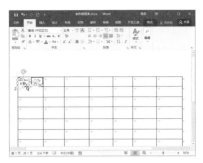

Step06: 同时选中两个文本框, 在"表格工具–布局"选项卡的"形状样式"选项组中, 单击"形状填充"下三角按钮, 选择"无填充颜色"选项。

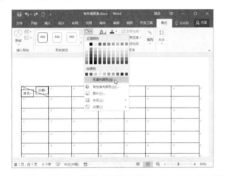

Step07: 单击"形状轮廓"下三角按钮, 选择"无轮廓"选项。

Step08: 即可查看绘制的斜线表头效果。

■ 技高一筹:用其他方法输入斜线表头中文字

用户也可以直接在单元格中输入文本, 单击"开始"选项卡下的"上标"/"下标"按钮, 以此方式来输入文本。

3.1.3 编辑表格

在文档中插入表格后, 用户可以对表格进行编辑操作, 使其更加符合实际数据输入的要求。下面介绍在表格中插入行列、设置行高列宽、拆分与合并单元格以及设置表格文本对齐方式等操作方法。

(1) 插入行列

在 Word 文档中创建表格后, 若创建的表格行列数不够实际使用, 用户可以根据需要添加相应的行列数。

Step01: 将光标置于表格内, 切换至"表格工具–布局"选项卡, 单击"行和列"选项组中的"在左侧插入"按钮。

Part 1 Word 办公应用

Step02: 即可在光标所在单元格的左侧插入新的一列。

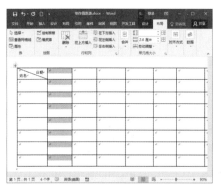

Step03: 将光标置于表格内并右击,在弹出的快捷菜单中选择"插入 > 在下方插入行"命令。

Step04: 即可在所选单元格的下方插入新的一行。

(2) 设置行高列宽

若创建表格的行高列宽不符合要求,用户可以根据实际需要手动设置行高列宽。

Step01: 选择需要设置行高的单元格区域,切换至"表格工具–布局"选项卡,在"单元格大小"选项组中,单击"表格行高"右侧的微调按钮,设置表格的行高。

Step02: 选择需要设置列宽的单元格区域,在"表格列宽"右侧的数值框内输入合适的数值,设置表格的列宽。

■ **操作解惑:快速调整行高列宽**

将光标定位到需要调整行高列宽的分割线上,待光标变为双向箭头形状时,按住鼠标左键拖动,调整行高或列宽。

Step03: 若要根据窗口大小自动调整表格行高列宽，则选中表格区域后，单击"自动调整"下三角按钮，在下拉列表中选择"根据窗口自动调整表格"选项。

Step04: 选择需调整的表格区域，单击"单元格大小"选项组中的"分布列"按钮，即可均匀分布所选列的宽度。

Step05: 选择需调整的表格区域，单击"分布行"按钮，即可均匀分布所选行的高度。

■ 操作解惑：插入Excel电子表格

在"表格"下拉列表中选择"Excel电子表格"选项，在打开的Excel表格中进行数据编辑后，单击文档中的空白位置即可。

Step06: 若需要一次插入多行或多列，以多列为例，选中多列后，在"表格工具－布局"选项卡的"行和列"选项组中单击"在右侧插入"按钮。

Step07: 即可一次插入多列表格。

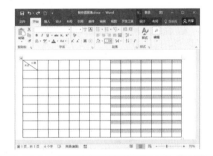

(3) 合并与拆分单元格

在文档中插入表格后，用户可以根据需要对单元格进行合并或拆分操作。

Step01: 选择需要拆分的单元格或单元格区域，在"表格工具－布局"选项卡下，单击"合并"选项组中的"拆分单元格"按钮。

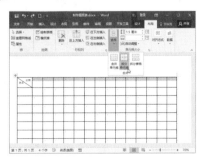

Part 1　Word 办公应用

Step02: 在打开的"拆分单元格"对话框中, 设置单元格区域拆分的行列数后, 单击"确定"按钮

Step03: 返回文档中可以看到, 所选单元格区域拆分后的效果。

Step04: 选择表格中需要合并的单元格区域, 切换至"表格工具-布局"选项卡, 单击"合并"选项组中的"合并单元格"按钮, 合并所选单元格。

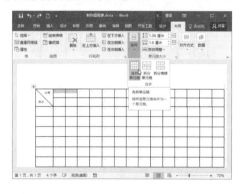

Step05: 用户也可以选择需要合并的单元格区域并右击, 在弹出的快捷菜单中选择"合并单元格"命令, 将所选单元格区域合并为一个单元格。

Step06: 用同样的方法合并其他单元格区域, 得到下图的结果。

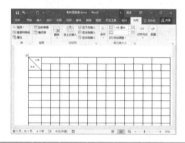

(4) 设置表格中文本对齐方式

在文档中创建表格并输入文字后, 默认的文字对齐方式为靠上左对齐, 用户可以根据需要调整文本的对齐方式。

Step01: 在表格中输入所需的文本内容后, 选中需要设置文本对齐方式的单元格区域, 然后切换至"表格工具-布局"选项卡。

Step02: 在"对齐方式"选项组中,单击"水平居中"按钮,即可将所选单元格区域文本水平居中对齐。

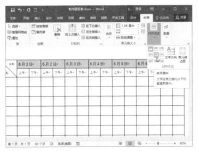

Step03: 用户也可以选择需要设置文本对齐方式的单元格区域并右击,在弹出的快捷菜单中选择"表格属性"命令。

Step04: 打开"表格属性"对话框,在"单元格"选项卡下的"垂直对齐方式"选项区域中选择所需的单元格对齐方式。

Step05: 返回文档中,查看设置文本对齐方式后的效果。

(5) 拆分表格

在文档中插入表格后,用户可以根据需要对表格进行拆分操作。

Step01: 打开文档后,将光标定位到表格拆分行中的任意单元格内。切换至"表格工具-布局"选项卡,在"合并"选项组中单击"拆分表格"按钮。

Step02: 即可将表格拆分为两个表格。

65

Step03: 用户也可以将光标定位到表格拆分行中的任意单元格内,按下拆分表格的快捷键Ctrl+Shift+Enter。

Step04: 在表格顶端拆分出一个空行,根据需要输入所需的标题文本。

Step05: 切换至"开始"选项卡,根据需要设置标题文本的格式。

Step06: 保持标题文本选中状态,单击"行和段落间距"下三角按钮,选择"增加段落后的空格"选项,设置标题与表格间距。

(6) 设置底纹效果

值班表创建完成后,用户还可以根据需要进行相应的美化操作。下面介绍为表格中单元格区域设置底纹效果的操作方法。

Step01: 选中文档中需要设置底纹效果的单元格区域,切换至"表格工具–设计"选项卡,单击"表格样式"选项组中的"底纹"下三角按钮。

Step02: 在下拉列表中选择所需底纹颜色。

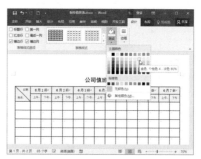

3.2 制作日常支出统计表

在日常办公中,用户可以制作日常支出统计表,来对公司日常费用支出情况进行管理和分析。本节通过对统计表进行编辑操作,详细介绍在文档中排序数据、使用公式以及美化表格的具体操作方法。

3.2.1 排序数据

在文档中对表格数据进行编辑处理时,用户可以根据需要对数据进行简单的分析操作。下面介绍对日常支出统计表中"所属部门"列数据进行排序的操作方法。

Step01: 打开文档,选中需要进行排序的单元格区域后,切换至"表格工具－布局"选项卡。

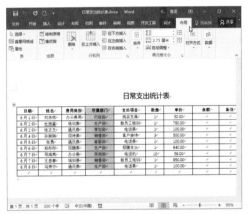

Step02: 在"数据"选项组中单击"排序"按钮。

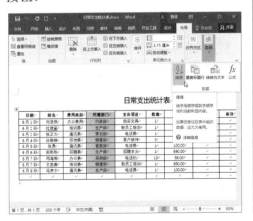

Step03: 打开"排序"对话框后,设置排序"主要关键字"为"所属部门",设置排序"类型"为"拼音",选择排序方式为"升序"后,单击"确定"按钮。

Step04: 返回文档中,查看对"所属部门"列进行升序排序的效果。

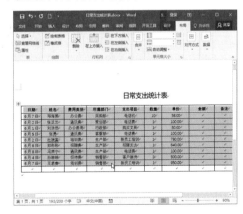

Part 1 Word 办公应用

3.2.2 使用公式进行计算

在 Word 文档中创建表格并输入数据后，用户可以使用 Word 内置的公式功能进行一些简单的计算操作，如求和、求乘积等。下面具体介绍在 Word 中使用公式进行计算的操作方法。

(1) 计算乘积

下面介绍使用 PRODUCT() 函数计算金额的方法，具体操作如下。

Step01: 打开文档后，选中需要显示计算结果的单元格，切换至"表格工具 – 布局"选项卡，单击"公式"按钮。

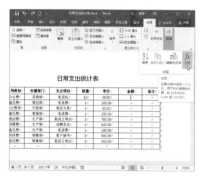

Step02: 打开"公式"对话框，在"公式"文本框中输入支出金额的计算公式"=PRODUCT(LEFT)"。

Step03: 单击"确定"按钮返回文档中，查看采购部购买电话机的金额。接着选择下一个要计算金额的单元格，单击快速访问工具栏中的"重复公式"按钮。

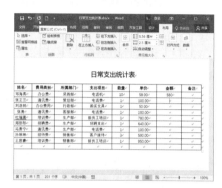

Step04: 即可快速得到计算结果。

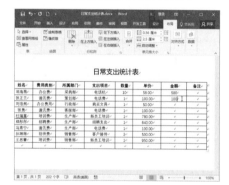

Step05: 用同样的方法计算其他单元格金额。

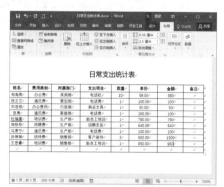

Word 2016

(2) 求和

下面介绍使用 **SUM ()** 函数计算总金额的方法，具体操作如下。

Step01：选中文档中需要显示计算结果的单元格，切换至"表格工具–布局"选项卡，单击"公式"按钮。

Step02：打开"公式"对话框，在"公式"文本框中自动输入总金额的计算公式"=SUM(ABOVE)"，单击"确定"按钮。

Step03：返回文档中即可查看计算结果。

3.2.3 美化表格

在文档中创建表格后，用户一般需要对其进行进一步的美化操作，如为表格应用快速样式、设置表格边框样式或为表格添加相应的底纹等，来增强表格的外观效果。

(1) 应用快速样式

在 Word 2016 中插入表格后，用户为表格应用快速样式，对表格进行快速美化操作。

Step01：打开文档并选中表格后，切换至"表格工具–设计"选项卡，单击"表格样式"选项组的"其他"下三角按钮。

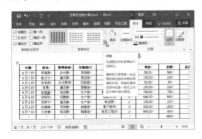

Step02：在打开的下拉列表中，选择合适的快速样式选项。

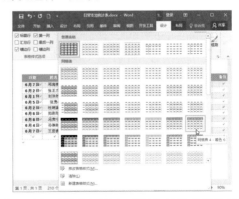

Step03：返回文档中，即可查看应用快速样式后的表格效果。

Part 1 Word 办公应用

Step04: 若要取消表格快速样式,则单击"表格样式"选项组的"其他"下三角按钮,在下拉列表中选择"普通表格"样式选项。

(2) 设置边框和底纹

除了应用快速样式来美化表格外,用户还可以通过设置表格的边框和底纹效果,使表格更加美观。

Step01: 全选文档中的表格,切换至"表格工具-设计"选项卡,单击"边框"选项组中的"边框"下三角按钮,选择"边框和底纹"选项,打开"边框和底纹"对话框。

Step02: 在"边框"选项卡下的"设置"选项列表框中选择"方框"选项,然后分别对边框的样式、颜色和宽度进行设置,单击"确定"按钮。

Step03: 返回文档后,再次单击"边框"下三角按钮,选择"边框和底纹"选项。

Step04: 打开"边框和底纹"对话框,选择"设置"选项列表框中的"自定义"选项,分别对边框的样式、颜色和宽度进行设置后,单击预览区域中的内框线选项。

Step05: 单击"确定"按钮, 返回文档中查看效果。

Step06: 选择需要设置底纹的表格标题单元格区域, 在"表格工具-设计"选项卡下, 单击"底纹"下三角按钮, 在下拉列表中选择所需的颜色选项。

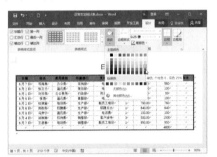

Step07: 继续选择表格标题选项区域并右击, 在打开的浮动工具栏中, 单击"字体颜色"下三角按钮, 选择白色选项。

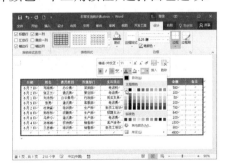

Step08: 选择表格内容选项区域, 单击"表格工具-设计"选项卡下的"边框"下

三角按钮, 选择"边框和底纹"选项。

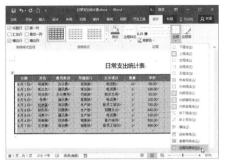

Step09: 打开"边框和底纹"对话框, 切换至"底纹"选项卡, 单击"填充"下三角按钮, 在下拉列表中选择所需的底纹颜色后, 单击"确定"按钮。

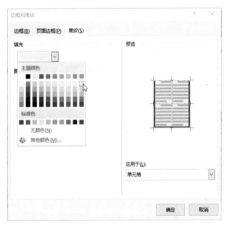

Step10: 返回文档中, 查看设置不同底纹颜色后的效果。

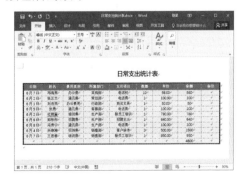

71

3.2.4　插入图表

在文档中创建表格后，为了使表格中的数据显示更直观，用户可以使用 Word 的图表功能，通过插入条形图、面积图或折线图，来展示数据的大小或变化趋势。

(1) 创建图表

在文档中创建图表的方法如下。

Step01：打开文档后，将光标置于要插入图表的位置。切换至"插入"选项卡，单击"插图"选项组中的"图表"按钮。

Step02：打开"插入图表"对话框，选择要插入的图表类型后，单击"确定"按钮。

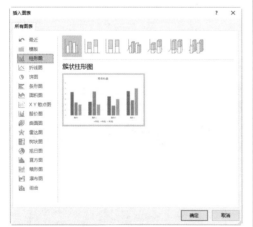

Step03：此时系统会自动创建一个空白图表，并打开 Excel 工作簿。

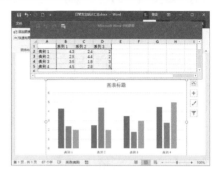

Step04：用户可以根据需要在 Excel 工作簿中输入所需数据，或选中文档中的表格内容，单击鼠标右键，选择"复制"命令。

Step05：将光标置于工作簿的 A1 单元格并右击，选择"粘贴选项"中的"匹配目标格式"选项。

Step06：此时在Word文档中将显示对应数据的图表，单击Excel工作簿右上角的"关闭"按钮。

Step07：返回文档中，查看创建的图表效果。

(2) 美化图表

在文档中创建图表后，用户还可以根据需要，对图表进行相应的美化操作。

Step01：选中图表中的标题文本框，输入所需的图表标题内容即可。

Step02：在"图表工具–设计"选项卡下的"图表布局"选项组中单击"快速布局"下三角按钮，选择所需的图表布局样式。

Step03：切换至"图表工具–格式"选项卡，在"形状样式"选项组中单击"形状填充"下三角按钮，选择"渐变"选项，在其子菜单中选择所需的渐变样式，设置图表的背景填充效果。

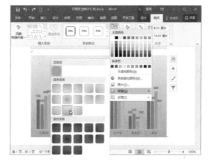

Step04：选中图表后，单击图表右上角的"图表元素"按钮，在展开的下拉列表中勾选"网格线＞主轴次要水平网格线"选项，设置图表的网格线显示方式。

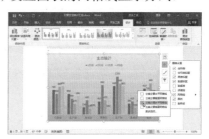

知识大放送

Q? 如何让跨页表格自动添加表头?

A 在 Word 中制作表格时,当表格的内容或长度多于一页时,第二页将不显示表头,查看起来很不方便,这时用户可以设置让表头在每页都显示出来。

Step01: 选中表头单元格区域,切换至"表格工具–布局"选项卡,单击"数据"选项组中的"重复标题行"按钮,如下左图所示。

Step02: 此时可以看到,第二页表格已经包含和第一页相同的表格表头,如下右图所示。

Q? 如何更改表格中的文字方向?

A Word 2016 文档中表格的文字方向分为水平(从左到右) 和垂直(从上到下) 两种,默认的文字方向为水平方向。用户可以根据实际表格排版的需要,在"表格工具–布局"选项卡下的"对齐方式"选项组中,单击"文字方向"按钮,设置文字为垂直方向显示。

Q? 如何更改图表类型?

在 Word 文档中创建 SmartArt 图表后,若对图表的类型不满意,可以切换至"图表工具–设计"选项卡,单击"更改图表类型"按钮,打开"更改图表类型"对话框,重新选择所需的图表类型,如右图所示。

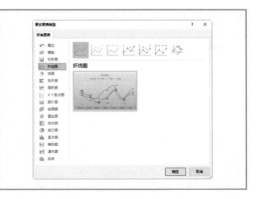

Chapter 04 文档的图文混排

本章概述

使用Word除了可以制作一些简单的文档,还可以利用Word的图片、形状和SmartArt图形功能,制作出漂亮的图文混排文档。本章通过制作产品宣传单、采购流程图以及公司组织架构图的操作过程,详细介绍了在文档中插入图片、形状和SmartArt图形的操作方法。

要点难点

◇ 插入图片
◇ 编辑和美化图片
◇ 绘制形状
◇ 编辑和美化形状
◇ 创建 SmartArt 图形
◇ 编辑和美化 SmartArt 图形

本章案例文件

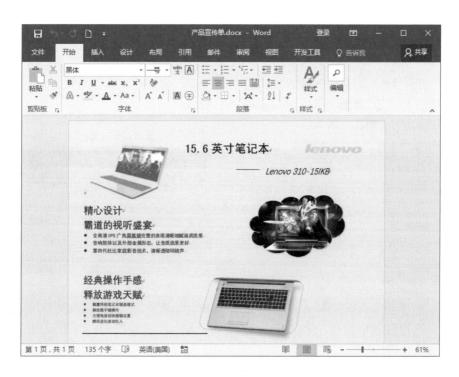

4.1 制作产品宣传单

产品宣传单主要用于介绍公司、宣传产品的特点以及展示产品图片等,达到提升企业形象、提高公司知名度、介绍新产品和促销产品的目的。本节主要通过对Word文档中插入与编辑图片的介绍,详细讲解创建产品宣传单的制作步骤。

4.1.1 创建产品宣传单文档

要在Word文档中创建产品宣传单,首先要创建一个新文档,并对文档的页面进行设置。文档页面设置完成后,还要根据需要输入相应的产品宣传介绍文字,具体操作如下。

Step01: 新建文档并命名为"产品宣传单.docx",切换至"布局"选项卡,单击"页面设置"选项组的对话框启动器按钮。

Step02: 打开"页面设置"对话框,在"页边距"选项卡下的"纸张方向"选项区域中选择"横向"选项。

Step03: 切换至"纸张"选项卡,在"纸张大小"选项区域中设置文档纸张的宽度和高度。

Step04: 单击"确定"按钮返回文档中,单击"页面设置"选项组的"页边距"下三角按钮,选择"窄"选项。

Step05: 切换至"设计"选项卡,单击"页面背景"选项组的"页面颜色"下三角按钮,选择"填充效果"选项。

Step06: 打开"填充效果"对话框，在"渐变"选项卡下设置文档页面背景的渐变效果后，单击"确定"按钮。

Step07: 返回文档中，输入产品宣传单标题内容后，切换至"插入"选项卡，单击"文本"选项组中的"文本框"下三角按钮。

Step08: 在下拉列表中选择"简单文本框"选项。

Step09: 在文档中创建简单文本框后，将文本框移至页面合适位置并输入所需文本。设置文本字体字号后，切换至"绘图工具–格式"选项卡，对文本框的显示效果进行设置。

Step10: 选中创建好的文本框，按住**Ctrl**键的同时按住鼠标左键进行拖动，复制一个相同的文本框，然后对其中的文本内容进行设置。

77

4.1.2 插入图片

创建产品宣传文档后,在文档中插入图片可以使枯燥的文档内容变得明晰,使产品展示更加直观。在 Word 文档中,用户不仅可以插入电脑中保存的图片,还可以根据需要插入网络中的图片。

(1) 插入计算机中的图片

下面介绍在文档中插入计算机中已保存图片的操作方法,具体如下。

方法 1:插入单张图片

Step01:打开文档并切换至"插入"选项卡,单击"插图"选项组中的"图片"按钮。

Step02:在打开的"插入图片"对话框中,选择需要插入的图片后,单击"插入"按钮。

Step03:即可将所选图片插入到文档中。

方法 2:一次插入多张图片

在"插入图片"对话框中,按住 Ctrl 键的同时单击选中多张需要插入到文档中的图片,单击"插入"按钮,即可一次将多张图片插入到文档中。

(2) 插入联机图片

用户还可以根据需要将网络图片插入到文档中,具体方法如下。

Step01:切换至"插入"选项卡,单击"插图"选项组中的"联机图片"按钮。

Step02:打开"插入图片"面板,在"必应图像搜索"文本框中输入要搜索图片的关键字,单击后面的搜索按钮。

"插入"按钮,即可将所选网络图片插入到文档中。

Step03: 在打开的搜索结果列表框中勾选所需图片选项左上角的复选框,单击

4.1.3 调整图片大小

在文档中插入图片后,用户可以根据实际需要将图片设置为适当的大小,下面介绍几种常用的设置图片大小的方法。

(1) 快速调整图片大小

手动快速调整图片大小的方法是最常用的一种方法,具体操作方法如下。

Step01: 选中图片后,将光标置于图片右下角。

Step02: 待其变为双向箭头形状时,按住鼠标左键进行拖曳,即可调整图片的大小。

(2) 精确调整图片大小

用户还可以根据需要精确调整图片的大小。选中图片后,在"图片工具-格式"选项卡下的"大小"选项组中,设置"高度"和"宽度"值来精确调整图片大小。

■ 技高一筹:在对话框中设置

用户也可以选中图片后,单击"图片工具-格式"选项卡下"大小"选项组的对话框启动器按钮。在打开的"布局"对话框的"大小"选项卡下,用户可以根据需要设置图片的大小。

4.1.4 设置图片环绕方式

在Word中插入图片时，一般是默认将图片嵌入到文档中的，其位置随着其他字符的改变而改变，不能自由移动。用户可以根据需要设置文字环绕图片的方式，实现更灵活的图文混排效果。

(1) 在功能区中设置

Word 提供了多种内置的图片位置，用于满足用户实际工作中文档排版的需要。

Step01：选中图片后，切换至"图片工具–格式"选项卡，单击"排列"选项组中的"环绕文字"下三角按钮。

Step02：在下拉列表中选择所需的环绕方式，这里选择"浮于文字上方"选项。

Step03：返回文档中可以看到所选图片浮于其他图片上方，而且可以自由移动。

Step04：根据需要，将图片移至文档中的合适位置即可。

(2) 快速设置

下面介绍快速设置文字环绕方式的操作方法，具体如下。

Step01：选中图片后，单击图片右上角的"布局选项"按钮，在打开的列表中快速设置文字的环绕方式。

Step02：根据需要将该图片移至所需位置。

4.1.5 裁剪与旋转图片

在文档中插入图片后,用户可以根据需要对图片进行裁剪或旋转操作,删除图片中不需要的区域,将图片裁剪为所需形状样式或旋转图片使其展示不同角度的效果。

(1) 直接裁剪图片

使用Word的图片裁剪功能,可以删除图片中不需要的部分,具体如下。

Step01: 选中图片后,切换至"图片工具–格式"选项卡,单击"大小"选项组中的"裁剪"按钮。

Step02: 此时所选图片四周将出现8个控制点,将光标置于控制点上,按住鼠标左键拖动,裁剪不需要的区域。

(2) 裁剪为所需形状

用户还可以将所选图片裁剪为所需的形状,具体操作如下。

Step01: 选中图片后,单击"大小"选项组中的"裁剪"下三角按钮。

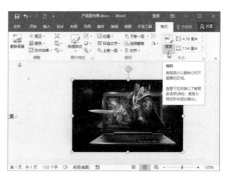

Step02: 在打开的下拉列表中选择"裁剪为形状"选项,在其子列表中选择所需的形状样式。

Step03: 返回文档中查看裁剪后的效果。

(3) 使用功能区命令旋转图片

使用功能区中的命令，用户可以对图片进行旋转或翻转操作，具体如下。

Step01: 选中图片后，切换至"图片工具–格式"选项卡，单击"排列"选项组中的"旋转"按钮。

Step02: 在下拉列表中若选择"向右旋转90°"选项，则图片向右旋转90°。

Step03: 在下拉列表中若选择"垂直翻转"选项，则图片垂直翻转。

(4) 手动旋转图片

用户还可以使用图片控制手柄，手动旋转图片，操作方法如下。

Step01: 选中图片后，将光标置于图片上方的旋转控制手柄上。

Step02: 按住鼠标左键不放并拖动，旋转图片至合适的角度。

Step03: 释放鼠标左键，即可将图片旋转为所需的角度。

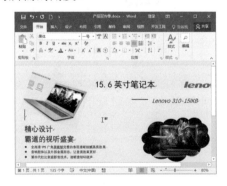

4.1.6 删除图片背景

在文档中插入图片后,为了使图片更好地融入到文档中,用户可以将图片的背景删除。下面介绍删除图片背景的具体操作方法。

Step01: 选择需要删除背景的图片,切换至"图片工具-格式"选项卡,单击"调整"选项组中的"删除背景"按钮。

Step02: 打开"背景消除"选项卡,单击"标记要保留的区域"按钮。

Step03: 此时光标变成笔的样式,在图片中需要保留的区域单击。

Step04: 标记完要保留的区域后,单击"标记要删除的区域"按钮,接着在图片中要删除的区域单击。

Step05: 标记完成后,单击"关闭"选项组中的"保留更改"按钮

Step06: 返回文档中,查看删除图片背景后的效果。

83

4.1.7　美化图片

在文档中插入图片后,用户可以根据需要对图片进行相应的美化操作,例如更改图片颜色、为图片应用艺术效果、为图片添加边框以及应用图片快速样式等,通过这些设置,使图片更加符合文档要求。

(1) 更改图片颜色

在文档中插入图片后,用户可以应用颜色更正功能对图片的亮度、对比度和清晰度进行设置。

Step01: 选择需要更改颜色的图片,切换至"图片工具–格式"选项卡,单击"调整"选项组中的"更正"下三角按钮。

Step02: 在"更正"下拉列表中的"亮度/对比度"选项区域中,选择合适的选项。

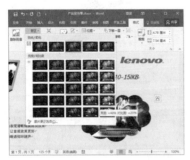

■　操作解惑:设置图片的锐化/柔化效果

单击"更正"下三角按钮,在下拉列表中的"锐化/柔化"选项区域中,选择合适的锐化/柔化选项,来设置图片的锐化/柔化效果。

Step03: 返回文档中,查看更改图片亮度和对比度后的效果。

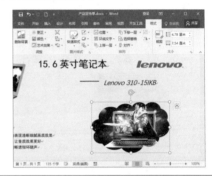

(2) 调整图片颜色

在文档中插入图片后,用户可以应用颜色调整功能对图片的色调、饱和度进行设置,也可以根据需要重新调整图片的色调,使图片呈现出理想的效果。

Step01: 选中图片后,切换至"图片工具–格式"选项卡,单击"调整"选项组中的"颜色"下三角按钮。

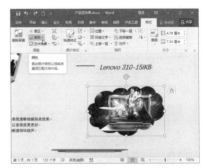

Step02: 在"颜色"下拉列表中的"颜色饱和度"列表区域中选择合适的选项。

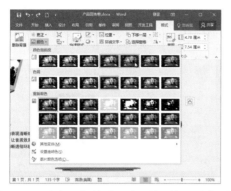

Step03：返回文档中，查看调整图片颜色饱和度后的效果。

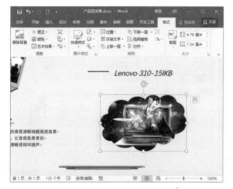

Step04：若需要为图片重新着色，则选中图片后，单击"颜色"下三角按钮。

Step05：打开"颜色"下拉列表，在"重新着色"选项区域中选择合适的选项，这里选择"蓝色，个性色 5 浅色"选项。

Step06：返回文档中，查看为图片重新着色后的效果。

(3) 为图片应用艺术效果

在 Word 文档中，用户可以为图片设置铅笔素描、粉笔素描、影印、图样或虚化等多种艺术效果。

Step01：选择图片后，切换至"图片工具-格式"选项卡，单击"调整"选项组中的"艺术效果"下三角按钮。

Step02: 在"艺术效果"下拉列表库中选择所需的选项，这里选择"影印"选项，即可查看图片效果。

86

■ 技高一筹:设置图片整体效果

选中图片后，切换至"图片工具–格式"选项卡，在"图片样式"选项组中单击"图片效果"下三角按钮，在下拉列表中选择合适的选项，设置图片的阴影、映像、发光或三维旋转等效果。

(4) 为图片添加边框

在文档中插入图片后，用户可以为图片添加轮廓边框，来强化图片的效果。

Step01: 选中图片后，切换至"图片工具–格式"选项卡，单击"图片样式"选项组中的"图片边框"下三角按钮。

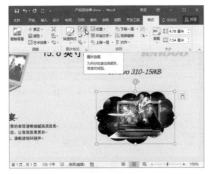

Step02: 在"图片边框"下拉列表中选择合适的边框颜色。

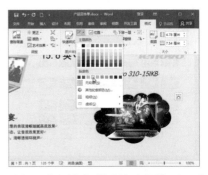

Step03: 再次单击"图片边框"下三角按钮，在下拉列表中选择"粗细"选项，在子列表中选择合适的图片边框粗细选项。

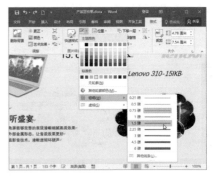

Step04: 返回文档中，查看设置图片边框后的效果。

(5) 为图片应用预设样式

用户可以为图片应用 Word 提供的图片预设效果选项，快速设置图片的样式，达到美化图片的目的。

Step01: 选中图片后，切换至"图片工具
–格式"选项卡，单击"图片样式"选项组
中的"快速样式"下三角按钮。

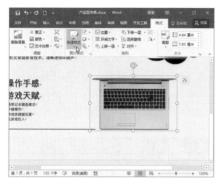

Step02: 在图片预设样式下拉列表中选
择所需的样式选项，这里选择"棱台透
视"效果选项。

Step03: 返回文档中查看为图片应用棱
台透视样式后的效果。

(6) 重设图片

　　如果用户对为图片设置的效果不满
意，可以应用重置图片功能，取消对图片
设置的所有格式。

Step01: 选中图片后，单击"重设图片"
下三角按钮，选择"重设图片"选项。

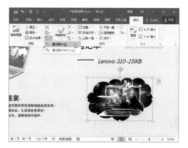

Step02: 即可将之前为图片设置的所有
格式全部清除。

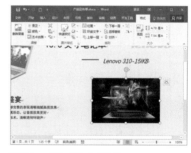

■　**技高一筹：组合图片**

　　按住**Ctrl**键的同时选择所有图片，单
击"排列"选项组中的"组合"下三角按
钮，选择"组合"选项，可组合所有图片。

Part 1　Word 办公应用

4.2 绘制采购工作流程图

工作流程图可以帮助管理者了解实际工作过程中的环节,从而完善工作流程,提高工作效率。本节通过创建采购工作流程图的操作过程,详细介绍如何在文档中绘制并编辑形状。

4.2.1 绘制图形形状

Word文档中的图形形状包括基本形状、箭头总汇、公式形状、流程图以及星与旗帜等类型,用户可以选择相应的形状类型,绘制所需的图形形状,下面详细介绍形状绘制的操作方法。

Step01: 打开文档后,切换至"插入"选项卡,单击"形状"下三角按钮,在下拉列表中选择要绘制的形状选项。

Step02: 选择"流程图:过程"选项并返回文档中,可以看到光标变为十字形状。

Step03: 按住鼠标左键不放,在文档中拖曳绘制所需大小的图形形状。

Step04: 绘制完成后释放鼠标即可,此时功能区中将出现"绘图工具–格式"选项卡。

■ 技高一筹:绘制长宽相等的形状

在绘制形状的过程时,如果想绘制长宽相等的形状,在拖动鼠标绘制的同时按住Shift键即可。

4.2.2 编辑形状

在文档中绘制形状后,用户可以根据需要对形状进行编辑操作,如更改大小或复制形状等,下面介绍具体的操作方法。

(1) 更改形状大小

绘制形状后,若绘制的形状大小不符合要求,用户可以根据需要更改形状大小,具体操作如下。

Step01: 选中绘制的形状,将光标置于形状的右下角,待光标变为十字形状。

Step02: 按住鼠标左键不放进行拖曳,即可更改形状的大小。

■ 操作解惑:精确调整形状大小

用户选中绘制的图形形状后,切换至"绘图工具–格式"选项卡,在"大小"选项组中单击"形状高度"和"形状宽度"右侧的微调按钮,或直接在数值框中输入数值,可以精确调整形状大小。

(2) 复制形状

在文档中创建一个形状后,用户可以对创建的形状进行复制操作,复制出多个相同的形状。

Step01: 选中形状后,在"开始"选项卡下"剪贴板"选项组中,单击"复制"按钮,或直接按下Ctrl+C快捷键。

Step02: 单击"剪贴板"选项组中的"粘贴"按钮,或直接按下Ctrl+V快捷键,复制出一个相同的形状。

Step03: 用户也可以选中图形后,按住键盘上的Ctrl键,此时光标旁边将出现一个小的加号和一个小的长方形。

Part 1 Word 办公应用

Step04: 按住**Ctrl**键的同时，按住鼠标左键进行拖曳，即可复制出一个相同的形状。

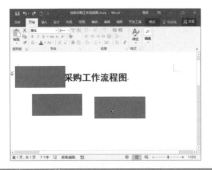

(3) 移动形状

绘制形状后，用户可以根据需要调整形状的位置。选中形状后，直接将其拖动到目标位置即可。

■ 操作解惑：微调形状位置

用户也可以选中形状后，使用键盘上的方向键进行微调。

(4) 对齐与分布形状

在文档中插入多个形状后，用户可以应用"对齐"功能，执行形状的对齐与分布操作，具体如下。

Step01: 按住**Ctrl**键的同时单击所有的形状，将其同时选中后，切换至"绘图工具–格式"选项卡。

Step02: 单击"排列"选项组中的"对齐"下三角按钮，选择所需的对齐选项，这里选择"顶端对齐"选项。

Step03: 这时可以看到，所有的形状都对齐到所选形状的最顶端。

Step04: 继续保持所有形状的选中状态, 再次单击"对齐"下三角按钮, 选择所需的形状分布方式, 这里选择"横向分布"选项。

Step05: 这时可以看到, 所有的形状都已经均匀地横向分布对齐了。

■ 技高一筹: 更改形状样式

选中要更改样式的形状后, 在"绘图工具–格式"选项卡下, 单击"更改形状"下三角按钮, 在下拉列表中选择合适的形状选项即可。

(5) 旋转与翻转形状

在文档中创建形状后, 用户可以根据需要旋转或翻转形状, 使创建的形状更加符合要求。

Step01: 切换至"插入"选项卡, 在"插图"选项组中单击"形状"下三角按钮, 选择"箭头: 下"选项。

Step02: 返回文档中可以看到光标变为十字形状, 按住鼠标左键不放并拖曳, 绘制向下箭头形状。

Step03: 选中绘制的形状, 切换至"图片工具–格式"选项卡, 单击"排列"选项组中的"旋转"下三角按钮。

Step04: 在"旋转"下拉列表中选择"向右旋转90°"选项, 即可向右90°旋转绘制的形状。

Step05：要翻转图形，则选中图形后，单击"旋转"下三角按钮，选择"水平翻转"选项，即可水平翻转图形。

■ **操作解惑：手动旋转图形**

选中需要旋转的形状，将光标移至形状顶部的绿色旋转手柄上，待光标变为自由旋转形状时，按住鼠标左键不放并进行拖动，旋转形状。

(6) 组合形状

若需要同时对两个或两个以上的形状对象进行编辑时，可以将其组合为一个整体，从而使编辑更加简单。

Step01：按住 **Ctrl** 键的同时依次单击多个形状对象，将其同时选中。

Step02：在"形状工具-格式"选项卡下的"排列"选项组中单击"组合"下三角按钮，选择"组合"选项。

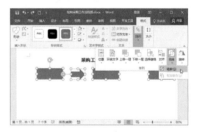

Step03：即可将所选形状组合起来，这时调整形状大小时，所有形状都跟着改变。

■ **操作解惑：取消组合**

若需要取消形状的组合，则再次单击"组合"下三角按钮，在下拉列表中选择"取消组合"选项即可。

4.2.3　在形状中添加文本

为了使文档内容更清楚明了,用户在文档中绘制形状后,还可以根据需要在图形形状中输入相应的文字。在形状中输入文字后,还可以根据需要对文本进行编辑美化操作,下面分别进行介绍。

(1) 输入文字

绘制形状后,用户需要在形状中输入文字内容,具体操作如下。

Step01: 根据需要,采用前面介绍的复制形状的方法,复制所需数量的形状。

Step02: 选中需要输入文字的形状,与在文本框中输入文字的方法相同,直接输入所需的文本内容。

Step03: 用同样的方法,根据实际需要继续在其他形状中输入所需的文字。

(2) 编辑文字

在绘制的形状中插入文本后,用户可以根据需要对文本的字体、字号、效果等进行设置。

Step01: 按住Ctrl键不放,同时选中多个形状,在"绘图工具–格式"选项卡下,单击"快速样式"下三角按钮。

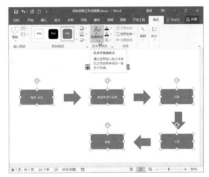

Step02: 在打开的下拉列表中,根据需要选择所需的文本快速样式,即可将该文本样式应用到形状文本中。

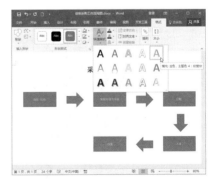

Step03: 切换至"开始"选项卡,在"字体"选项组中对文本样式进行设置。

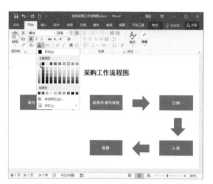

置的文本效果。

Step04: 设置完成后，返回文档中查看设

4.2.4　美化形状

在文档中绘制形状后，为了使绘制的形状样式更加美观，用户可以根据需要对形状的填充、轮廓、效果或快速样式等进行设置，下面介绍具体操作方法。

Step01: 选中所有图形后，切换至"绘图工具–格式"选项卡，单击"形状填充"下三角按钮，选择所需的形状填充颜色。

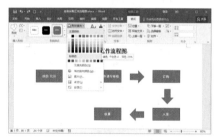

Step02: 单击"形状轮廓"下三角按钮，在下拉列表中选择所需的形状轮廓颜色，然后设置形状轮廓的线条粗细。

Step03: 保持所有形状为选中状态，单击

"形状效果"下三角按钮，选择"映像"选项后，在其子列表中选择所需选项。

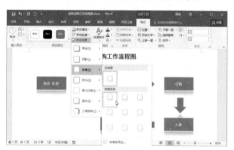

Step04: 用户还可以应用 Word 形状预设库中的形状样式，快速美化形状。单击"形状样式"选项组中的"其他"下三角按钮，即可选择所需的预设样式。

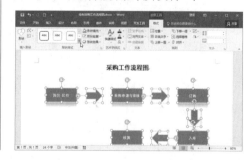

4.3 创建组织架构图

在上一节中,介绍了通过形状的插入与编辑美化,来创建采购工作流程图的方法。不过,在描述流程、关系、列表、层次结构或循环效果时,使用SmartArt图形是最佳的选择。本节将通过创建组织架构图的操作过程,详细介绍SmartArt图形的应用方法。

4.3.1 创建SmartArt图形

在介绍公司的组织架构或业务流程时,要想条理清晰地将复杂的人员关系或流程表达清楚,使用SmartArt图形是最佳的选择,下面介绍创建公司组织架构图的操作步骤。

(1) 创建 SmartArt 图形

下面介绍在文档中插入SmartArt图形的操作方法,具体步骤如下。

Step01: 打开"公司组织架构图"文档后切换至"布局"选项卡,单击"纸张方向"下三角按钮,选择"横向"选项。

Step02: 切换至"插入"选项卡,单击"插图"选项组中的"插入SmartArt图形"按钮。

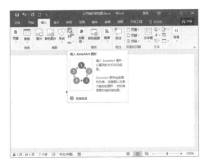

Step03: 在打开的"选择SmartArt图形"对话框中,选择合适的图形类型,单击"确定"按钮。

Step04: 这时可以看到,文档中已经插入了所选样式的SmartArt图形。

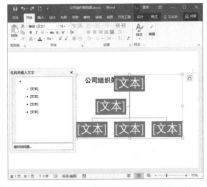

■ 操作解惑:删除 SmartArt 图形

在文档中插入SmartArt图形后,若想将其删除,则选中SmartArt图形后,单击键盘上的Delete键即可。

(2) 编辑 SmartArt 图形

在文档中插入 SmartArt 图形后,插入图形的默认设置若不符合要求,用户可以根据需要设置图形在文档中的位置或设置图形的大小等,具体操作如下。

Step01: 选中创建的 SmartArt 图形,切换至"SmartArt 工具–格式"选项卡,单击"排列"选项组中的"环绕文字"下三角按钮。

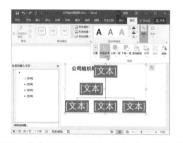

Step02: 在打开的下拉列表中选择"浮于文字上方"选项。

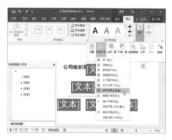

Step03: 选中 SmartArt 图形后,待光标变为十字箭头形状时,按住鼠标左键不放进行拖动,即可移动 SmartArt 图形。

Step04: 选中 SmartArt 图形,单击图形和文本窗格中间的折叠按钮,隐藏文本窗格。若要显示文本窗格,则再次单击该折叠按钮。

■ **操作解惑:其他显示/隐藏文本窗格方法**

选中创建的 SmartArt 图形,切换至"SmartArt 工具–格式"选项卡,单击"创建图形"选项组中的"文本窗格"按钮,隐藏文本窗格。若要显示文本窗格,则再次单击该按钮即可。

Step05: 选中 SmartArt 图形后,将光标放在图形的右下角,待变为双向箭头形状时,按住鼠标左键不放进行拖动,拖动到适当位置释放鼠标,即可更改其大小。

4.3.2　添加形状与文本输入

在文档中插入SmartArt图形后，若图形中的形状不够，用户可以在SmartArt图形中添加形状，然后根据实际情况输入公司组织架构图所需的文本内容，具体操作如下。

(1) 添加形状

下面介绍在SmartArt图形中添加形状的方法，具体操作如下。

Step01: 选中要插入形状的SmartArt图形中的某个形状，切换至"SmartArt工具–设计"选项卡，单击"创建图形"选项组中的"添加形状"下三角按钮，选择"在后面添加形状"选项。

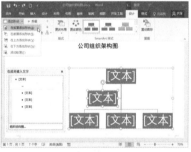

Step02: 即可在所选形状后面插入一个形状。根据需要再次选择添加形状的位置，单击"添加形状"下三角按钮，继续在图形中添加形状。

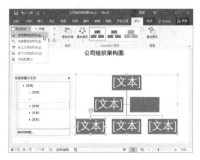

Step03: 多次执行Step02的操作，在SmartArt图形中添加所需的形状。

(2) 文本输入

在SmartArt图形中添加形状后，下面介绍在形状中输入文本的操作方法。

Step01: 在SmartArt图形的文本窗格中，将光标定位到需要输入文本的形状中，然后输入相应的文本内容。

Step02: 用户也可以单击SmartArt图形中的形状，直接在里面输入文本内容。

97

4.3.3　美化SmartArt图形

在文档中创建SmartArt图形后，如果对图形的外观不满意，或所选图形样式不能很好地表述信息，用户可以对其布局、颜色、样式和效果等进行编辑操作。

Step01: 打开文档并选中SmartArt图形，单击形状文本窗格右上角的"关闭"按钮，关闭形状文本窗格。

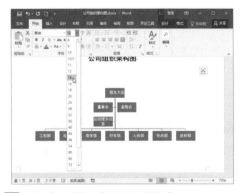

Step02: 在"开始"选项卡下的"字体"选项组中，设置SmartArt图形中文本的字体字号等。

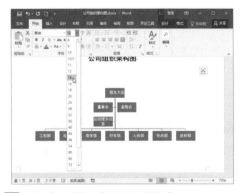

■ **技高一筹：重置图形样式**

为SmartArt图形进行美化等格式设置后，若对美化效果不满意，可以切换至"SmartArt工具－设计"选项卡，单击"重设图片"按钮，取消之前的格式设置。

Step03: 切换至"SmartArt工具－格式"

选项卡，单击"艺术字样式"选项组中的"其他"下三角按钮，选择合适的文本艺术字样式。

Step04: 切换至"SmartArt工具－设计"选项卡，单击"SmartArt样式"选项组中的"更改颜色"下三角按钮，在下拉列表中选择合适的SmartArt图形颜色。

■ **技高一筹：更改SmartArt图形样式**

创建SmartArt图形后，如果创建的图形不符合要求，则选中SmartArt图形后，切换至"SmartArt工具－设计"选项卡，单击"布局"选项组中的"其他"下三角按钮，在下拉列表中重新选择所需的图形样式即可。

Step05: 单击"SmartArt样式"选项组中的"其他"下三角按钮,在下拉列表中选择SmartArt图形的总体外观样式。

Step06: 经过上面的设置后,可以看到SmartArt图形已经应用的格式效果,效果如下图所示。

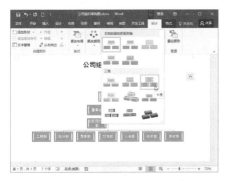

知识大放送

？ 如何让图片自动更新?

在 Word 2016 中插入图片时,用户可以使用"链接到文件"功能,使插入的图片可以随着原图片的变化而自动更新。

Step01: 打开需要插入图片的文档后,切换至"插入"选项卡,单击"插图"选项组中的"图片"按钮。打开"插入图片"对话框,选择所需图片后,单击"插入"下三角按钮,选择"链接到文件"选项,如下左图所示。

Step02: 返回文档中,保存并关闭文档。对原始图片进行编辑后,再次打开文档,可以看到文档中的图片也进行了相应的更新,如下右图所示。

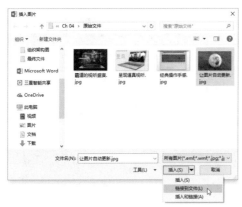

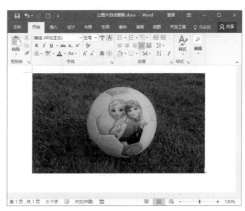

Q? 如何在文档中插入屏幕截图?

A 在 Word 文档中, 用户不仅可以插入本地图片和网络图片, 还可以将当前屏幕上的窗口当作图片插入到文档中。

Step01: 打开文档后, 切换至"插入"选项卡, 单击"屏幕剪辑"下三角按钮, 选择"屏幕剪辑"选项, 如下左图所示。

Step02: 在活动窗口中选择要插入到文档中的部分后, 释放鼠标, 即可将所选择的屏幕剪辑插入到文档中, 如下右图所示。

Q? 如何在图片中插入文字?

A 在文档中插入图片后, 用户还可以在图片上添加文字注释。和在图形中添加文字的方法不同, 图形可以直接在其表面添加文字, 而图片则需要先插入文本框。

Step01: 打开包含图片的文档后, 在文档中插入文本框并输入文字内容, 然后单击图片右上角的"布局选项"按钮, 选择"浮于文字上方"选项, 将文本框移至合适的位置, 如下左图所示。

Step02: 选中文本框, 设置文本框中文字的样式后, 切换至"绘图工具-格式"选项卡, 设置"形状填充"和"形状轮廓"分别为"无填充颜色"和"无轮廓", 如下右图所示。

Chapter 05 文档的管理与审阅

本章概述

本章将以劳动合同文档和企业员工手册文档管理和审阅为例，详细介绍文档中执行查找替换、添加书签、插入页眉页脚、添加封面、添加目录、添加超链接等操作的方法。通过本章内容的介绍，使读者对长文档的编辑和查看更加得心应手。

要点难点

◇ 查找和替换文档中的内容
◇ 在文档中插入页眉页脚
◇ 为文档添加封面
◇ 为文档添加目录
◇ 为文档添加批注
◇ 为文档添加超链接
◇ 查看比较两个文档

本章案例文件

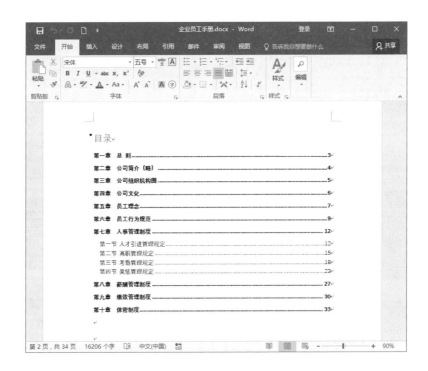

5.1 创建劳动合同文档

劳动合同是劳动者与用人单位确立劳动关系的文书,是明确双方权利和义务的协议。本节主要通过劳动合同文档的创建,详细介绍在文档中定位指定内容、进行语法检查以及添加页眉页脚和封面的操作方法。

5.1.1 定位文档中的内容

在对长文档进行编辑和管理时,要想找到文档中某些指定内容,一页一页翻阅查找,非常麻烦,这时用户可以使用Word的定位功能,快速定位指定内容。下面介绍几种常用定位文档内容的方法。

(1) 使用导航窗格

在Word中,用户要想快速查找到文档中的某些内容,可以使用导航进行快速定位。

Step01: 打开文档后,在"开始"选项卡下的"编辑"选项组中单击"查找"按钮。

Step02: 用户也可以直接按下**Ctrl+F**组合键,快速打开文本查找导航窗格。

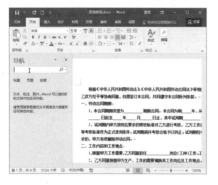

Step03: 在导航文本框中输入要查找的内容,即可快速定位到查找的内容,并在导航窗格的结果列表中显示查找内容。

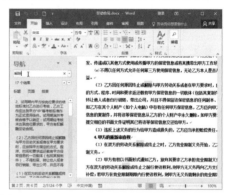

■ 技高一筹:其他打开导航窗格的方法

用户可以切换至"视图"选项卡,在"显示"选项组中勾选"导航窗格"复选框,快速显示导航窗格。

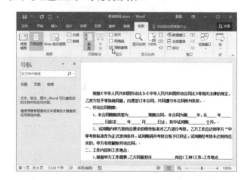

(2) 使用"定位"功能

使用 Word 的"定位"功能,可以快速定位到文档中的表格、图形、书签或某一页,具体如下。

Step01: 打开文档后,在"开始"选项卡下的"编辑"选项组中,单击"查找"下三角按钮,选择"转到"选项。

Step02: 打开"查找和替换"对话框,切换至"定位"选项卡,在"定位目标"列表中选择定位的目标,这里选择"页"选项,在右侧文本框中输入要定位到的页码。

Step03: 单击"定位"按钮,即可定位到文档中对应的页码,然后单击"关闭"按钮,返回文档中。

(3) 使用书签功能

在一些大型文档中,使用书签功能可以在文档中轻松地定位到指定位置或某个特定内容。

Step01: 打开文档后,将光标定位到要插入书签的位置,切换至"插入"选项卡,单击"链接"选项组中的"书签"按钮。

Step02: 打开"书签"对话框,在"书签名"文本框中输入书签名称后,单击"添加"按钮,关闭对话框。

Step03: 再次单击"书签"按钮,打开"书签"对话框,选择书签列表中的"违约责任"选项,单击"定位"按钮。光标将自动定位到文档中书签所在的位置。

103

5.1.2 查找替换文档中的内容

在进行文档管理与审阅的过程中，除了使用定位功能查找文档中的特定文本外，用户还可以使用查找和替换功能，查找文档中的指定文本，并进行批量的替换操作。

(1) 查找文档中的内容

下面介绍在文档中查找指定内容的方法，具体如下。

Step01: 打开文档，切换至"开始"选项卡，在"编辑"选项组中单击"替换"按钮。

Step02: 打开"查找和替换"对话框，切换至"查找"选项卡，在"查找内容"文本框中输入要搜索的内容后，单击"查找下一处"按钮。

Step03: 即可在文档中显示第一个要查找内容的位置。

Step04: 若单击"在以下项中查找"下三角按钮，选择"当前所选内容"选项。

Step05: 即可在文档中显示所有要查找的内容，并且"查找和替换"对话框中将显示查找到符合条件内容的个数。

Step06: 单击"阅读突出显示"下三角按钮，选择"全部突出显示"选项，则所有查找到的内容高亮显示。

(2) 替换文档中的内容

当用户需要把文档中多处的某个词替换成另外一个词时，可以使用Word的替换功能，方便快捷。

Step01: 在"开始"选项卡下的"编辑"选项组中，单击"查找"按钮。

Step02: 打开"查找和替换"对话框，在"替换"选项卡下的"替换为"文本框中，输入替换文本后，单击"全部替换"按钮。

Step03: 在打开的Microsoft Word提示框中单击"是"按钮后，单击"确定"按钮，返回"查找和替换"对话框中单击"关闭"按钮。

Step04: 返回文档中，查看替换结果。

(3) 使用替换功能修改文本格式

使用Word的"替换"功能，不仅可以对文档中的内容进行批量替换，还可以批量设置特定文本的字体格式。

Step01: 打开文档后，按下Ctrl+H组合键，打开"查找和替换"对话框。在"查找内容"和"替换为"文本框中都输入"甲乙双方"后，单击"更多"按钮。

Step02: 在打开的扩展区域内单击"格式"按钮，选择"字体"选项。

105

Part 1 Word 办公应用

Step03: 打开"替换字体"对话框的"字体"选项卡,对要替换为的字体格式进行设置。

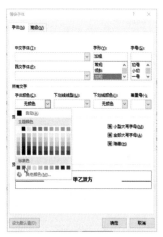

Step04: 单击"确定"按钮,返回"查找和替换"对话框,单击"全部替换"按钮。

Step05: 在弹出的 Microsoft Word 提示框中单击"确定"按钮。

Step06: 返回"查找和替换"对话框,单击"关闭"按钮。

Step07: 返回文档中,可以看到所有的"甲乙双方"文本都已经被替换为所设置的字体样式。

技高一筹:快速删除文档中的所有空格

打开"查找和替换"对话框,在"查找内容"文本框中按下空格键,单击"全部替换"按钮,可删除文档中的所有空格。

5.1.3 对文档内容进行拼写和语法检查

在文档中进行文本输入时，难免会有录入错误的情况。这时用户可以使用 Word 的"拼写和语法"功能，对文档中文本的拼写和语法进行检查，具体操作如下。

Step01: 打开文档后，切换至"审阅"选项卡，单击"校对"选项组中的"拼写和语法"按钮。

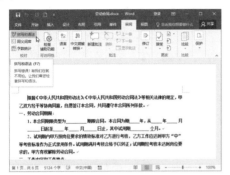

Step02: 在打开的"语法"导航窗格中，显示了文档中的第一处不符合微软语法规定的单词、词语。若用户确认该处内容没有错误，则单击"忽略"按钮。

■ **操作解惑：**拼写和语法检查提醒标记

在 Word 文档中，当用户输入了一些不符合微软语法规定的单词、词语时，就会在文字下面出现红色或者蓝色的波浪线，红色的表示系统认为是错误的，蓝色的表示疑似错误。

Step03: 文档自动跳转到下一个语法错误标记的地方，对下一处错误进行修改后，单击"继续"按钮。

Step04: 接着显示下一处错误，单击"更改"按钮，对该处错误进行更改。

Step05: 继续对文档中的内容进行检查，直至弹出 Microsoft Word 提示框，提示拼写和语法检查完成，单击"确定"按钮。

107

5.1.4 自动更正文档中的错别字

使用Word的自动更正功能，可以帮助用户纠正文本输入时一些习惯性的错别字，比如有人习惯把"账簿"的"账"写成"帐"。使用自动更正功能后，Word会自动帮用户进行更正。

Step01: 打开文档后，单击"文件"标签，选择"选项"选项，即可打开"Word选项"对话框。

Step02: 在打开的"Word选项"对话框中，切换至"校对"选项面板，单击"自动更正选项"按钮。

Step03: 打开"自动更正"对话框，在"自动更正"选项卡下的"替换"和"替换为"文本框中，分别输入需要更正和要更正为的文本，对自动更正的相关选项进行设置。然后单击"添加"按钮。

Step04: 返回文档中后，输入"帐簿"文本，Word将自动转换为"账簿"。若用户想输入"账簿"，则将光标放在"账"字上面，单击出现的下三角按钮，进行设置即可。

■ **技高一筹：快速输入长文本**

用户除了可以使用自动更正功能更正文本外，还可以使用该功能快速输入较长的文本。例如，在"自动更正"对话框中的"替换"文本框中输入"中共"，在"替换为"文本框中输入"中国共产党"。返回文档中，若输入"中共"文本，Word即会自动输入"中国共产党"文本。

5.1.5 添加页眉页脚

页眉和页脚是页面顶部和底部的区域,用户可以在此区域中输入文件名、文档标题、日期、图片以及页码等,使整个文档看起来更加规范。

(1) 插入页眉

下面将详细介绍在文档中插入页眉的具体操作步骤。

Step01: 打开"劳动合同"文档,切换至"插入"选项卡,单击"页眉和页脚"选项组中的"页眉"按钮。

Step02: 在弹出的页眉下拉列表中选择需要的页眉样式。

Step03: 即可在文档中的页眉位置插入页眉文本框,单击页眉文本框输入需要的文本。

Step04: 选中输入的页眉文本并右击,在弹出的浮动工具栏中设置页眉文本的字体格式,然后单击"关闭页眉和页脚"按钮。

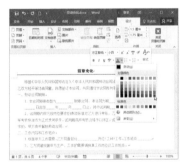

Step05: 返回文档后,即可看到添加的页眉效果。

(2) 插入页脚

下面介绍在文档中插入页脚的操作方法，具体如下。

Step01：单击"插入"选项卡下"页眉和页脚"选项组中的"页脚"按钮，在下拉列表中选择需要的页脚样式选项。

Step02：单击插入的页脚文本框，输入需要的文本并对页脚文本格式进行设置后，单击"关闭页眉和页脚"按钮，查看添加的页脚效果。

■ 操作提示："页眉和页脚工具–设计"选项卡

选择需要的页眉样式后，功能区中即出现"页眉和页脚工具–设计"选项卡，切换至该选项卡，即可对页眉和页脚进行相关的编辑操作。

(3) 在页眉页脚中插入日期时间

用户可以在页眉或页脚中插入时间和日期，以便查看最新的打印时间，也可以更便捷地管理文档。

Step01：打开"劳动合同"文档，切换至"插入"选项卡，单击"页眉和页脚"选项组中的"页脚"下三角按钮，选择需要的页脚样式。

Step02：选中页脚文本框，切换至"页眉和页脚工具–设计"选项卡，单击"插入"选项组中的"日期和时间"按钮。

■ 操作提示：编辑页眉和页脚

在文档中插入页眉页脚后，若需要对其进行编辑，则双击页眉或页脚区域，即可进入编辑模式。

Step03：在打开的"日期和时间"对话框中，选择合适的日期和时间格式后，单击"确定"按钮。

Step04: 返回文档中, 即可看到添加在页脚的日期和时间的效果。

(4) 设置奇偶页不同的页眉页脚

在书籍类文档的排版中, 奇偶页的页眉和页脚往往是不同的, 下面介绍设置奇偶页不同页眉的操作方法。

Step01: 打开文档后, 切换至"插入"选项卡, 单击"页眉和页脚"选项组中的"页眉"下三角按钮, 选择"平面(奇数页)"选项。

Step02: 在奇数页的页眉位置输入所需内容后, 勾选"选项"选项组中的"奇偶页不同"复选框。

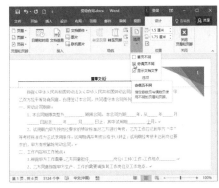

Step03: 在偶数页页眉位置输入所需的页眉内容, 单击"关闭页眉和页脚"按钮。

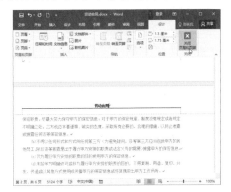

Step04: 返回文档中, 查看为文档奇偶页设置不同页眉的效果。

111

(5) 在页眉中添加图片

用户不仅可以在页眉中添加文本，还可以将公司的Logo等图片添加到页眉中，使文档更显正式。

Step01: 打开文档并切换至"插入"选项卡，单击"页眉和页脚"选项组中的"页眉"下三角按钮，选择所需的页眉样式选项。

Step02: 选中页眉文本框，单击"插入"选项组中的"图片"按钮。

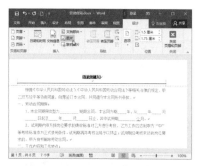

Step03: 打开"插入图片"对话框，选择要插入页眉的图片，单击"插入"按钮。

Step04: 返回文档中，对插入到页眉中图片的大小进行设置后，单击"关闭页眉和页脚"按钮。

Step05: 即可查看在文档页眉中插入图片后的效果。

(6) 删除页眉

在文档中插入页眉和页脚后，如果不再需要显示页眉和页脚，可以将其删除。

Step01: 打开包含页眉页脚的文档，切换至"插入"选项卡，单击"页眉"下三角按钮，选择"删除页眉"选项。

Step02: 可以看到页眉内容虽然删除了，但是页眉位置仍然保留了页眉分割线。这时需要将光标移至页眉位置并双击。

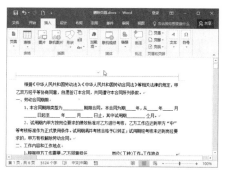

Step03: 此时页眉处于可编辑状态，切换至"开始"选项卡，在"样式"选项组中选择"正文"选项。

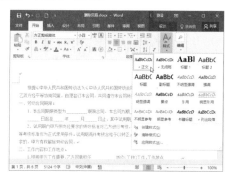

Step04: 单击"页眉和页脚工具-设计"选项卡下的"关闭页眉和页脚"按钮，返回文档中查看效果。

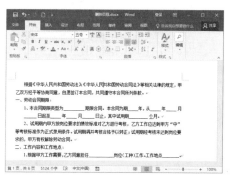

(7) 添加页码

在文档中添加页码可以帮助用户更好地管理文档，添加页码的具体操作方法如下。

Step01: 打开文档，切换至"插入"选项卡，单击"页眉和页脚"选项组中的"页码"按钮，选择内置的页码样式。

Step02: 选中插入的页码文本并右击，在弹出的浮动工具栏中设置页码文本的格式后，单击"关闭页眉和页脚"按钮。

Step03: 返回文档中查看效果。要删除添加的页码，则单击"页码"下三角按钮，在下拉列表中选择"删除页码"选项。

113

5.1.6 添加封面

封面提供了文档的简介或需要呈现给读者的重要信息,在 Word 文档中,用户可以根据需要为文档添加封面,使文档主题更突出。下面介绍创建文档封面的操作方法,具体步骤如下。

(1) 添加内置封面

Word 中内置了多种文档封面效果,用户可以根据需要进行选择。

Step01: 打开需要添加封面的文档后,切换至"插入"选项卡,单击"页面"选项组中的"封面"下三角按钮。

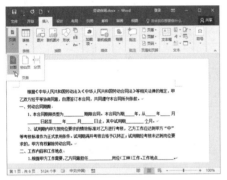

Step02: 在打开的封面列表库中选择所需的封面选项。

Step03: 即可在文档中插入所选样式的文档封面,用户可以根据需要对封面内容进行相应的输入和编辑,即可完成封面的插入操作。

(2) 自定义封面样式

用户也可以根据需要,自定义封面样式。

Step01: 打开文档后,切换至"插入"选项卡,单击"页面"选项组中的"空白页"按钮,在文档中添加一页空白页。

Step02: 在插入的空白页中,对文档封面的文本和格式进行自定义设置即可。

5.2 制作企业员工手册

员工手册主要涉及企业内部的人事制度管理规范,同时还起到了展示企业形象、传播企业文化的作用,是新员工了解公司体制、状况、文化的最直接的载体。本节主要介绍如何对企业员工手册文档进行目录提取和添加批注等操作。

5.2.1 创建文档目录

企业员工手册文档创建完成后,为了便于阅读和了解文档结构,用户可以为文档添加目录。下面介绍提取文档目录、更改目录样式以及更新目录的具体操作方法。

(1) 提取文档中的目录

创建员工手册文档后,用户可以应用 Word 的目录提取功能,在文档中创建目录。

Step01: 打开"企业员工手册"文档,切换至"视图"选项卡,勾选"导航窗格"复选框,查看文档的整体结构。

Step02: 将光标定位到需要插入目录页面的下一页面起始位置,在"插入"选项卡下的"页面"选项组中,单击"空白页"按钮。

Step03: 删除刚刚插入空白页中的多余空格,将光标定位至插入的空白页。切换至"引用"选项卡,单击"目录"下三角按钮,选择所需目录样式。

Step04: 返回文档中,单击导航窗格右上角的关闭按钮后,查看插入的目录效果。

■ **操作解惑:删除提取的目录**

在文档中插入目录后,用户可以单击"引用"选项卡下的"目录"下三角按钮,选择"删除目录"选项,将其删除。

(2) 更改目录样式

如果用户对创建的目录样式不满意，可以重新更换Word内置的其他目录样式，具体方法如下。

Step01：打开文档后，切换至"引用"选项卡，单击"目录"下三角按钮，选择"自定义目录"选项。

Step02：打开"目录"对话框，在"目录"选项卡下单击"格式"下三角按钮，选择"古典"选项后，单击"确定"按钮。

Step03：在打开的"Microsoft Word"对话框中，单击"确定"按钮。

Step04：返回文档中，查看更改目录样式后的效果。

(3) 更新目录

在Word中对文档内容进行更改后，用户不需要再重新提取目录，可以直接使用更新目录功能，对目录进行更新，具体操作如下。

Step01：对文档进行重新编辑后，要更新目录，单击文档中目录左上角的"更新目录"按钮，对目录进行更新操作。

Step02：打开"更新目录"对话框，选择"更新整个目录"单选按钮后，单击"确定"按钮即可。

5.2.2 为文档添加批注

有些用户在阅读的时候，习惯把感想、疑难问题等随手批写在书中的空白地方，以帮助理解，深入思考。在 Word 文档中也可以随时添加批注，对阅读的文档进行注释。

(1) 插入批注

下面介绍在文档中添加批注的操作方法，具体步骤如下。

Step01: 将光标定位到文档中需要添加批注的位置，切换至"审阅"选项卡，单击"批注"选项组中的"新建批注"按钮。

Step02: 此时在文档页面右侧插入一个批注框，直接输入批注内容。

■ **操作解惑:** 其他插入批注的方法

用户也可以在"插入"选项卡下，单击"批注"选项组中的"批注"按钮，在文档中插入批注框。

(2) 设置批注显示效果

在文档中添加批注后，用户还可以根据需要，对批注文本框显示效果进行设置，具体操作如下。

Step01: 在"审阅"选项卡下单击"修订"选项组的对话框启动器按钮。

Step02: 在打开的"修订选项"对话框中，单击"高级选项"按钮。

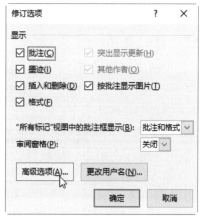

Step03: 打开"高级修订选项"对话框，单击"批注"下三角按钮，选择批注的样式后，单击"确定"按钮。

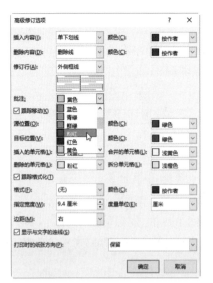

Step04: 返回文档中, 查看设置的批注效果。

5.2.3 修订文档

在审阅文档的过程中, 使用"修订"功能可以审阅文档且不会丢失原始文本。Word将更改的文本以不同于原文本的颜色显示, 并使用审阅标记(例如下画线), 以区分原始文本与批注文本。

(1) 启用修订功能

下面介绍在文档中启用修订功能的操作, 具体如下。

Step01: 打开文档后, 切换至"审阅"选项卡, 单击"修订"选项组中的"修订"下三角按钮, 选择"修订"选项。

(3) 删除批注

在文档中插入批注后, 若不再需要, 则在"审阅"选项卡下单击"批注"选项组中的"批注"下三角按钮, 选择"删除"选项, 将其删除。

■ 技高一筹: 设置批注用户名

给文档添加批注时, 默认情况下批注用户名为系统自带的名称。用户可以设置个性化的批注名。单击"文件"标签, 选择"选项"选项, 打开"Word选项"对话框。切换至"常规"选项面板, 在"用户名"和"缩写"文本框中输入需要的个性化批注名后, 单击"确定"按钮。

Step02: 此时文档处于修订状态，直接对文档进行编辑操作，所有操作均会以带有批注形式记录，并不会删除原文档内容。

Step03: 若取消修订状态，则再次单击"修订"选项组中的"修订"按钮即可。

■ **操作解惑：快捷键打开或关闭修订状态**

除了应用功能区中的"修订"按钮打开修订状态外，用户还可以使用 **Ctrl+Shift+E** 组合键，打开修订状态。再次按下该组合键，可关闭修订状态。

（2）接受或拒绝修订意见

对文本进行修订后，用户可以根据需要接受或拒绝修订意见，取消文档中的审阅标记，具体操作如下。

Step01: 打开应用了修订功能的文档，查看显示的审阅标记。

Step02: 如需接受修订意见，则需切换至"审阅"选项卡，单击"更改"选项组中的"接受"下三角按钮，选择"接受所有修订"选项，一次性接受所有更改。

Step03: 可以看到文档已经接受了所有修订的更改。

■ **操作解惑：拒绝修订**

若拒绝修订意见，则单击"拒绝"下三角按钮，选择"拒绝对文档的所有修订"选项，一次性取消所有的修订。

5.2.4 添加超链接

在 Word 文档中，用户可以创建超链接，在阅读时快速跳转至本文档中的指定页面、其他文档或浏览过的网页等。下面将对几种链接方式分别进行介绍。

(1) 链接到本文档中的位置

下面介绍在文档中添加超链接到本文档中指定位置的操作方法，具体如下。

Step01: 打开"添加超链接"文档后，选中需要创建超链接的文本，切换至"插入"选项卡，在"链接"选项组中单击"链接"按钮。

Step02: 打开"插入超链接"对话框，在"链接到"列表框中选择"本文档中的位置"选项，然后在右侧"请选择文档中的位置"列表中选择要链接到的位置后，单击"确定"按钮。

Step03: 返回文档中，可以看到所选文字已经变为浅蓝色，按住Ctrl键的同时单击该超链接，即可跳转到文档中相应的页面。

(2) 链接到其他文档

下面介绍在文档中添加超链接到其他文档中的操作方法，具体如下。

Step01: 打开文档后，选中需要创建超链接的文本，在"插入"选项卡下的"链接"选项组中单击"链接"按钮。

Step02: 打开"插入超链接"对话框，在"链接到"列表框中选择"现有文件或网页"选项，然后在右侧面板中进行相应的设置后，单击"确定"按钮。

Step03: 返回文档中, 可以看到所选文字已经变为浅蓝色, 按住 **Ctrl** 键的同时单击该超链接, 即可打开要链接到的文档。

(3) 链接到网页

用户还可以在文档中插入超链接, 链接到指定的网页, 这样在阅读文档时可以快速查阅指定的网页内容, 具体操作方法如下。

Step01: 打开文档后, 选中需要创建超链接的文本, 在"插入"选项卡下的"链接"选项组中单击"链接"按钮。

Step02: 打开"插入超链接"对话框, 设置链接到网页的相关选项, 在"地址"文本框中输入网页地址后, 单击"屏幕提示"按钮。

Step03: 在打开的"设置超链接屏幕提示"对话框中设置屏幕提示内容后, 单击"确定"按钮。

Step04: 返回"插入超链接"对话框后, 单击"确定"按钮

Step05: 返回文档中, 可以看到所选文字已经变为浅蓝色, 按住 **Ctrl** 键的同时单击该超链接, 即可打开要链接到的网页。

■ **操作解惑:拖动鼠标创建超链接**

选中作为目标超链接的文字或图像并单击鼠标右键, 然后拖到需要创建超链接的位置, 释放鼠标, 在弹出的快捷菜单中选择"在此创建超链接"命令, 即可创建超链接。

5.2.5　编辑超链接

　　在文档中创建超链接后，用户可以根据需要对超链接进行重新编辑，包括设置超链接的屏幕提示文字、将超链接复制到其他文本、设置超链接的文本颜色等。

Step01： 打开包含超链接的文档后，将光标放置在需要编辑的超链接上，右击，选择"编辑超链接"命令。

Step02： 在打开的"编辑超链接"对话框中，对该超链接进行编辑操作。

Step03： 将光标放置在超链接上并右击，选择"复制超链接"命令

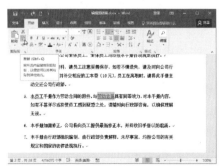

Step04： 选择需要复制超链接的文本并右击，在"粘贴选项"区域内选择"保留源格式"命令，即可将复制的超链接应用到所选的文字。

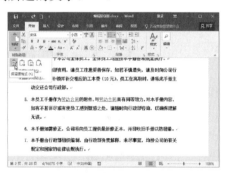

Step05： 将光标置于超链接上并右击，选择快捷菜单中的"打开超链接"命令，可以打开该超链接。

■　**技高一筹：设置超链接的文本颜色**
　　要设置超链接的文本颜色，则在"设计"选项卡下单击"颜色"下三角按钮，选择"自定义颜色"选项。在打开的"新建主题颜色"对话框中，分别设置"超链接"和"已访问的超链接"颜色后，单击"保存"按钮即可。

5.2.6 查看比较两个文档

在日常办公中,当需要对某两个文档进行比较,以找出它们的细微差别时,用户不用在两个文档之间切换,可以使用Word的相关功能,轻松查看比较两个文档的异同点。

(1) 并排查看

使用Word的并排查看功能,可以非常方便地对两个文档窗口中的内容进行比较查看,具体步骤如下。

Step01: 打开需要并排查看的两个文档,切换至"视图"选项卡,再单击"窗口"选项组中的"并排查看"按钮。

Step02: 打开"并排比较"对话框,选择需要并排比较查看的文档后,单击"确定"按钮。

Step03: 返回文档中,可以看到两个文档已经并排显示,同时"视图"选项卡下的"同步滚动"按钮也已经激活,即可同时并排比较查看两个文档。

■ 操作解惑:取消并排查看

若要取消两个文档的并排查看,则切换至"视图"选项卡,在"窗口"选项组中再次单击"并排查看"按钮。

(2) 比较文档

使用Word的比较功能,可以非常方便地对两个文档窗口中的内容进行比较查看,具体步骤如下。

Step01: 打开需要比较的两个文档,切换至"审阅"选项卡,单击"比较"选项组中的"比较"下三角按钮,选择"比较"选项。

Part 1 Word 办公应用

Step02: 打开"比较文档"对话框,单击"原文档"下三角按钮,选择需要比较的原始文档,单击"修订的文档"下三角按钮,选择修改后的文档。

显示了两个文档精确比较的结果。

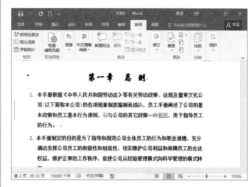

Step03: 单击"确定"按钮,可以看到Word 已创建了一个新文档,在新文档中

124

知识大放送

Q? 如何在窗口中同时查看多个文档页面?

A 对于较长的文档,用户要想查看文档的整体效果,可以设置为多页显示。

Step01: 打开需要多页显示的文档,切换至"视图"选项卡,单击"显示比例"选项组中的"多页"按钮,即可多页显示文档,如下左图所示。

Step02: 用户也可以在"视图"选项卡下单击"显示比例"选项组中的"显示比例"按钮,在打开的"显示比例"对话框中选择"多页"单选按钮来进行设置,如下右图所示。

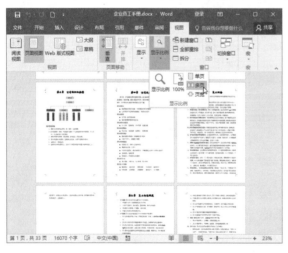

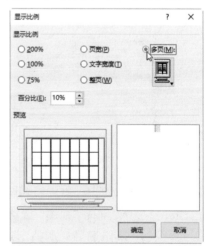

如何将文档窗口拆分为两部分？

 在进行长文档编辑处理时，若需要同时查看文档中不同位置的内容，可以使用 Word 2016 的拆分功能，将当前文档分为两部分同时进行查看，该操作不会对文档造成任何影响。

Step01：打开文档后，切换至"视图"选项卡，单击"窗口"选项组中的"拆分"按钮，如下左图所示。

Step02：文档窗口被拆分为上下两部分，各部分可以分别进行查看操作，用户还可以拖动分割线，设置上下两个窗口的大小。这时用户也可以分别在上下文档中滚动右边的滚动条，来浏览和比较文档，如下右图所示。

如何在文档中插入分页符和分节符？

 使用分页符可以在文档中任意位置强制分页，分页符后面的内容会转到新的一页中；使用分节符可以标记节的结束位置，起到分隔前一节与后一节文本的作用。将插入点定位到需要分页的位置，切换到"页面布局"选项卡。在"页面设置"选项组中单击"分隔符"按钮，在"分隔符"下拉列表中选择"分页符"或"分节符"选项，对文档进行强制分页或分节操作。

如何在文档中插入脚注或尾注？

 脚注一般位于页面底部，作为文档某处内容的注释；尾注一般位于文档末尾，列出引文的出处等。在文档编辑过程中，若需要对文档中的某些内容进行注释，可以为文档插入脚注或尾注。

　　打开文档后，将光标定位在文档中需要插入脚注或尾注的位置，切换至"引用"选项卡，单击"脚注"选项组中的"插入脚注"按钮，即在页面底出现脚注区域，输入相应的脚注内容；单击"脚注"选项组中的"插入尾注"按钮，在文档结尾将出现尾注区域，输入所需的尾注内容即可。

Part 1　Word 办公应用

Excel
办公应用

Excel 2016 是 Office 2016 办公组件的重要组成部分，是一款非常强大的数据处理软件。Excel 不仅可以存储、编辑、美化数据，可以管理、分析和计算数据，还可以将数据图形化以更加完美地展现数据。本部分将介绍 Excel 的基本操作、数据的编辑、函数以及数据透视表等相关知识。

2

Part 2

Chapter 06 工作表的基础操作

本章概述

  Excel是一款优秀的数据处理与分析软件，在处理和分析数据之前需要先掌握Excel的基础操作。本章主要介绍工作簿、工作表以及行/列的基本操作，通过学习本章，用户可熟练掌握创建、保护工作簿，新建工作表以及标签颜色的设置，插入和删除行/列等知识。

要点难点

◇ 创建工作簿
◇ 保存和保护工作簿
◇ 新建工作表并重命名
◇ 插入行/列
◇ 文本和数值类型数据的输入
◇ 特殊数据的输入
◇ 数据验证的使用

本章案例文件

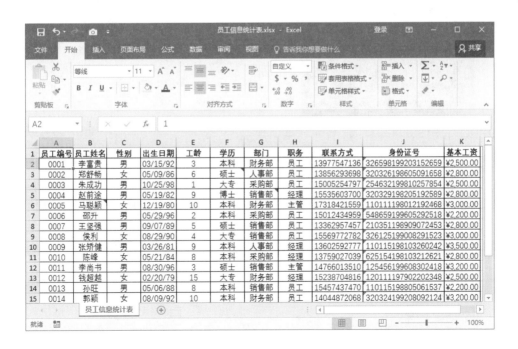

6.1 创建办公用品请购表

办公用品请购表是各部门根据实际工作需要向上级领导申请购买办公用品的明细，由采购部门负责统一采购的申请单。在制作办公用品请购表过程中，将介绍工作簿的创建、命名、保存以及保护等基本操作，还涉及工作表的基本操作以及数据输入的操作。通过本章学习，用户可以制作出精美的表格。

6.1.1 创建工作簿

在Excel中创建新的工作簿可以分为两种方式：一是创建空白的工作簿，二是使用模板创建带数据的工作簿。本节将详细介绍两种创建工作簿的方法。

(1) 创建空白工作簿

创建空白工作簿的方法很多，在此介绍两种常用的方法。

方法1：从"开始"菜单中打开

Step01：单击桌面左下角的"开始"按钮，在列表中选择"所有程序>Excel 2016"选项。

Step02：启动Excel程序，在右侧列表中选择"空白工作簿"选项，即可打开名为"工作簿1"的空白工作簿。

方法2：右键菜单打开

打开需要存储工作簿的文件夹，在空白处单击鼠标右键，在快捷菜单中选择"新建>Microsoft Excel工作表"命令。即可创建名为"新建Microsoft Excel工作表.xlsx"的空白工作簿。

■ 技高一筹：快捷图标法

创建空白工作簿的方法除了以上介绍的两种外，还可以在桌面上创建Excel的快捷图标，双击该图标，也可以直接创建一个空白工作簿。

(2) 使用模板创建工作簿

Excel为用户提供多种多样的模板，可直接使用。打开Excel 2016时，会有业务、日历、列表、教育和预算等搜索关键字。

Step01：打开Excel 2016程序，在右侧

面板中选择合适的模板。

Step02: 打开所选模板的详细信息介绍, 确认后单击"创建"按钮。

Step03: 稍等片刻, 模板下载成功, 用户根据个人需求修改数据即可。

Step04: 如果没有满意的模板, 可以在"搜索联机模板"文本框中输入内容, 单击"开始搜索"按钮, 进行联机搜索模板。

6.1.2 保存并命名工作簿

创建完工作簿后, 用户需要对工作簿进行保存以便日后查看, 在保存的时候还要命名, 使其一目了然。下面介绍保存新建工作簿的方法。

Step01: 在打开的工作簿中, 单击"文件"标签, 选择"另存为"选项, 在右侧面板中选择"浏览"选项。

Step02: 打开"另存为"对话框, 选择保存路径, 并在"文件名"文本框中输入工作簿的名称, 然后单击"保存"按钮。

Step03: 返回保存工作簿的文件夹,可见已经保存的工作簿,只需双击该工作簿即可打开。

6.1.3 保护工作簿

在日常办公中,为了防止他人修改工作簿的内容或结构,用户可以添加密码,对其进行保护。

(1) 保护工作簿的结构

保护工作簿的结构就是保护工作簿中的工作表不被移动、删除以及隐藏等。下面介绍具体操作步骤。

Step01: 切换至"审阅"选项卡,单击"更改"选项组中"保护工作簿"按钮。

Step02: 打开"保护结构和窗口"对话框,在"密码"数值框中输入密码2017,并勾选"结构"复选框,单击"确定"按钮。

■ **技高一筹:保存已有的工作簿**

用户对已有的工作簿进行修改后,该如何保存呢? 下面介绍几种保存方法,使原文件名、存储的路径和文件格式都不发生变化。

● 单击快速访问工具栏中"保存"按钮。

● 单击"文件"标签,选择"保存"选项。

对已有的工作簿可以执行另存为操作,将文件存储到其他路径。

Step03: 打开"确认密码"对话框,在"重新输入密码"数值框中输入上一步中设置的密码2017,然后单击"确定"按钮。

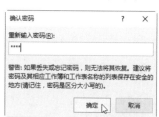

Step04: 设置完成后,返回工作簿中,选中工作表的标签并单击鼠标右键,可以发现在快捷菜单中关于工作簿结构的命令均不可用,如插入、移动、删除、重命名、隐藏和取消隐藏等。

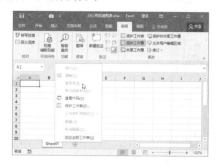

■ 办公助手：取消工作簿结构的保存

如果用户需要对工作簿的结构进行修改，可以先取消工作簿结构的保存。单击"更改"选项组中"保护工作簿"按钮，打开"撤消工作簿保护"对话框，输入之前设置的密码，单击"确定"按钮。

(2) 用密码保护工作簿

用户可以对重要的工作簿进行密码设置，提高该工作簿的安全性。只有授权密码的浏览者方可进行修改，下面介绍两种进行加密的方法。

方法1：用密码进行加密

Step01：打开工作簿，单击"文件"标签，在"信息"选项区域中单击"保护工作簿"下三角按钮，在列表中选择"用密码进行加密"选项。

Step02：打开"加密文档"对话框，在"密码"数值框中输入密码2017，单击"确定"按钮。

Step03：打开"确认密码"对话框，在"重新输入密码"数值框中输入2017，最后单击"确定"按钮。

Step04：返回工作簿中，单击快速访问工具栏中的"保存"按钮。再次打开该工作簿时，将打开"密码"对话框，只有输入正确的密码，才能打开该工作簿。

■ 办公助手：取消工作簿的密码保存

如果用户需要取消工作簿的密码保护，可以打开"加密文档"对话框，清除"密码"数值框中的密码，单击"确定"按钮即可。

方法2：设置访问权限

Step01：打开工作簿，选择"文件>另存为"选项，选择"浏览"选项。

Step02: 打开"另存为"对话框,选择合适的文件保存路径,单击"工具"下三角按钮,在列表中选择"常规选项"选项。

Step03: 打开"常规选项"对话框,设置"打开权限密码"为2017,"修改权限密码"为123456,单击"确定"按钮。

Step04: 打开"确认密码"对话框,在"重新输入密码"数值框中输入2017,单击"确定"按钮。

Step05: 在打开的"确认密码"对话框中。在"重新输入修改权限密码"数值框中输入123456,单击"确定"按钮。

Step06: 返回"另存为"对话框,单击"保存"按钮。再次打开该工作簿时,弹出"密码"对话框,输入设置的打开密码2017即可打开工作簿。

Step07: 还需要输入设置的修改密码,单击"确定"按钮即可打开该工作簿。若只授权打开密码,可单击"只读"按钮。

Step08: 采用只读方式打开工作簿,在工作簿名称后面显示"只读"字样,若修改了文件,只能另存该工作簿。

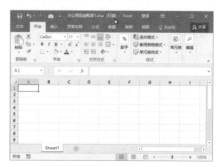

Excel 2016

6.1.4 新建工作表

Excel的工作簿默认包含一个名为Sheet1的工作表，用户可以根据需要创建空白工作表。下面介绍3种常用的方法。

方法1：单击按钮法

Step01：打开工作簿，选中工作表标签，单击"新工作表"按钮。

Step02：返回工作表中，即可在选中的工作表标签右侧插入新工作表。

方法2：功能区法

Step01：选中工作表标签，切换至"开始"选项卡，单击"单元格"选项组中"插入"下三角按钮，选择"插入工作表"选项。

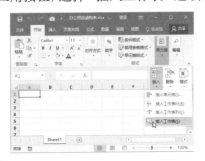

Step02：返回工作表中，即可在选中的工作表标签左侧插入新工作表。

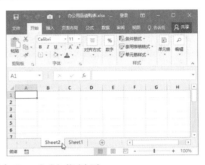

方法3：右键菜单法

Step01：打开工作簿，右击工作表标签，在菜单中选择"插入"命令。

Step02：打开"插入"对话框，选择"工作表"选项，单击"确定"按钮，即可在选中的工作表标签左侧插入新工作表。

135

6.1.5 为工作表命名

Excel 工作表默认情况下以 "Sheet+数字" 命名, 用户可以将工作表重命名, 便于标识出工作表中的信息。

Step01: 打开工作簿, 选中需要重命名的工作表标签并右击, 在快捷菜单中选择 "重命名" 命令。

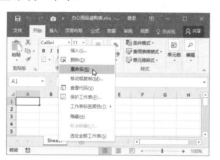

Step02: 工作表标签为可编辑状态, 然后输入工作表的名称即可。

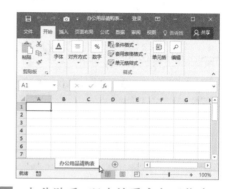

■ 办公助手: 双击法重命名工作表

选中需要重命名的工作表标签并双击, 此时工作表标签为可编辑状态, 然后重新输入工作表的名称即可。

6.1.6 设置工作表标签颜色

工作簿中包含多个工作表时, 用户除了可以为其命名, 还可以设置工作表标签的颜色, 方便区分, 直接又美观。

Step01: 选中工作表标签并右击, 在快捷菜单中选择 "工作表标签颜色" 命令, 在列表中选择合适的颜色。

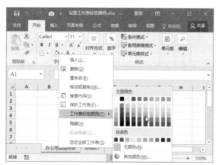

Step02: 返回工作表中, 可见设置颜色的工作表标签的颜色很淡, 主要是为了突出工作表的名称。

■ 办公助手: 删除工作表

在删除工作表时, 工作簿中会至少包含一张工作表。删除工作表是永久性删除, 所以执行删除操作要谨慎。

选中需要删除的工作表标签, 单击鼠标右键, 在菜单中选择 "删除" 命令, 在打开的提示对话框中单击 "删除" 按钮即可。

6.1.7　隐藏工作表

为了防止工作表中的重要数据被他人查看,用户可以将工作表隐藏起来,如果需要查看,再进行显示工作表操作即可。为了保险起见,隐藏后还可设置密码保护。

Step01: 打开工作簿, 选中工作表标签, 单击鼠标右键, 在快捷菜单中选择"隐藏"命令即可隐藏选中的工作表。

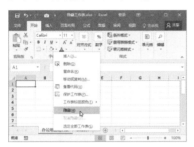

Step02: 若要显示隐藏的工作表, 选中任意工作表单击鼠标右键, 在快捷菜单中选择"取消隐藏"命令。

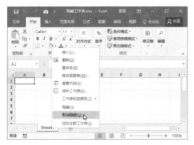

Step03: 打开"取消隐藏"对话框, 在"取消隐藏工作表"选项框中选择工作表, 单击"确定"按钮即可显示工作表。

Step04: 用户可以加密保护隐藏的工作表, 切换至"审阅"选项卡, 单击"更改"选项组中"保护工作簿"按钮。

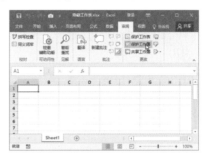

Step05: 打开"保护结构和窗口"对话框, 在"密码"数值框中输入密码2017, 单击"确定"按钮。

Step06: 打开"确认密码"对话框, 重新输入密码, 单击"确定"按钮, 即可用密码保护"取消隐藏"操作。

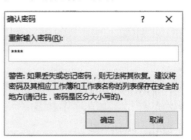

6.1.8 保护工作表

为了防止他人修改数据,用户可以对工作表进行加密保护,此时浏览者可以查看数据,但无权修改数据。

(1) 保护整个工作表

通过加密保护工作表,可以防止他人修改、删除数据,具体操作如下。

Step01:打开工作簿,切换至"审阅"选项卡,单击"更改"选项组中"保护工作表"按钮。

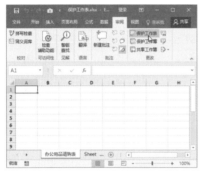

Step02:打开"保护工作表"对话框,在"取消工作表保护时使用的密码"数值框中输入密码2017,单击"确定"按钮。

Step03:打开"确认密码"对话框,在"重新输入密码"数值框中再次输入密码2017,单击"确定"按钮。

Step04:返回工作表中,如果浏览者修改工作表中的数据,系统会打开提示对话框。若要进行更改,先取消对工作表的保护,单击"确定"按钮。

■ 办公助手:保护工作表的其他方法

打开工作簿,单击"文件"标签,在"信息"选项区域中单击"保护工作簿"下三角按钮,在列表中选择"保护当前工作表"选项,打开"保护工作表"对话框,按照以上方法设置密码即可。

(2) 保护工作表中部分单元格

用户可以通过保护部分单元格,设置可编辑区域,使浏览者可以在规定的区域中输入数据。

Step01:打开工作簿,切换至"审阅"选项卡,单击"更改"选项组中"允许用户编辑区域"按钮。

Step02: 打开"允许用户编辑区域"对话框，单击"新建"按钮，打开"新区域"对话框，单击"引用单元格"右侧的折叠按钮。

Step03: 按**Ctrl**键，依次选中允许用户编辑的单元格区域，然后单击折叠按钮，返回"允许用户编辑区域"对话框，单击"保护工作表"按钮。

Step04: 打开"保护工作表"对话框，输入密码2017，然后单击"确定"按钮。

Step05: 打开"确认密码"对话框，重新输入密码2017，然后单击"确定"按钮即可。

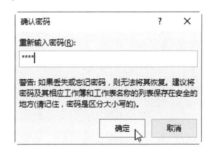

139

6.1.9 选定行/列

在工作表中，用户可以根据需要选择整行或整列。可以选择单行或单列，也可以选择多行或多列，下面以选定行为例介绍具体操作方法。

(1) 选择单行

选择单行的方法很简单，将光标移至需要选择行的左侧的行标上，变为向右的黑色箭头时单击鼠标左键即可选中。选行后所有的列标都加粗显示，而且行的四周用粗线框选中。

Part 2 Excel 办公应用

（2）选择多行

若需要选择多行时，单击选中某行后，按住鼠标左键向下或向上拖曳鼠标，即可选中相邻的行。

6.1.10 快速插入行/列

在创建表格后，用户可以根据需要插入行/列。可以插入单行或单列，也可以插入多行或多列，下面将分别介绍其方法。

（1）插入单行或单列

在Excel工作表中插入行和插入列的方法一样，下面以插入单行为例介绍几种常用的方法。

方法1：右键菜单法

Step01：打开工作簿，选中需插入行的标题，单击鼠标右键，在快捷菜单中选择"插入"命令。

Step02：即可在选中的行的上方插入一行，单击"插入选项"下三角按钮，在列表中选择插入行的格式。

若需要选择不连续的多行时，可按Ctrl键逐个选中不连续的行或列。

若按住Shift键可选择连续的多行。

方法2："插入"对话框法

Step01：打开工作簿，选中需要插入行中的任意一个单元格，单击鼠标右键，在快捷菜单中选择"插入"命令。

Step02: 打开"插入"对话框,选择"整行"单选按钮,单击"确定"按钮,即可在选中的单元格上方插入一行。

方法 3: 功能区法

打开工作簿,选中需要插入行中的任意单元格,切换至"开始"选项卡,单击"单元格"选项组中"插入"下三角按钮,在列表中选择"插入工作表行"选项。

操作完成后,即可在选中的单元格上方插入一行。若执行插入列的操作,则在选中单元格左侧插入列。

6.1.11 设置行高和列宽

Excel默认的行高和列宽有时不能满足输入内容的需要,用户可以适当调整行高或列宽使内容更合理地显示。下面以设置行高为例介绍具体操作。

(1) 手动设置行高

手动设置行高主要介绍使用鼠标拖曳调整和在对话框中精确设置行高,下面介绍具体操作方法。

(2) 插入多行或多列

插入多行或多列的方法和插入单行单列类似,下面介绍具体操作方法。

Step01: 打开工作簿,选中需插入行之下的多行,此处选择两行,单击鼠标右键,在快捷菜单中选择"插入"命令。

Step02: 即可在选中的行的上方插入两行,单击"插入选项"下三角按钮,在列表中选择插入行的格式。

■ 办公助手: 确定插入行或列的数量
在操作之前选择行数或列数和插入的行数或列数相等。

Step01: 打开工作簿,选中需要调整行高的行,将光标移至行的下边线,变为上下双箭头时,按住鼠标左键向下拖曳。

141

Step02： 拖动时显示行高的数值大小，至合适位置释放鼠标左键即可，单元格中的内容可显示完全。

Step03： 精确调整行高，选中行切换至"开始"选项卡，单击"单元格"选项组中"格式"下三角按钮，选择"行高"选项。

Step04： 打开"行高"对话框，在"行高"数值框中输入25，单击"确定"按钮。

(2) 自动调整行高或列宽

用户可以设置自动调整行高或列宽，使行高或列宽自动适应数据。

Step01： 打开工作簿，选中需要调整行高的多行，切换至"开始"选项卡，单击"单元格"选项组中"格式"下三角按钮，在下拉列表中选择"自动调整行高"选项。

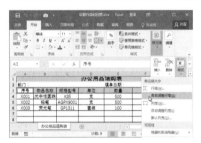

Step02： 设置完成后，返回工作表中，可见选中的行自动调整了行高。

办公助手：双击法自动调整行高或列宽

选中需要自动调整行高或列宽的多行或列，将光标移至选择行或列中任意下边线或左边线然后双击即可。

6.1.12 合并单元格

在工作表中输入太多数据时，可能显示在几个单元格中，或者为了工作表的整体美观，用户可合并单元格，即将多个单元格合并为一个大的单元格。

Step01: 打开工作簿，选中 **A1:G1** 单元格区域，切换至"开始"选项卡，单击"对齐方式"选项组中"合并后居中"按钮。

Step02: 返回工作表中，可见选中的单元格合并为一个大的单元格，并且文本居中显示。

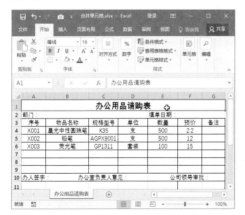

Step03: 选择 **A10:B11** 单元格区域，切换至"开始"选项卡，单击"对齐方式"选项组中"合并后居中"下三角按钮，在列表中选择"跨越合并"选项。

Step04: 选中的单元格区域，分别按行进行合并，在"对齐方式"选项组中设置对齐方式。

Step05: 根据以上方法对工作表中的单元格进行合并。

6.2 创建员工信息统计表

员工信息统计表是企业统计员工具体信息的表格,主要记录员工的姓名、性别、学历、部门以及职务等相关信息。企业只有掌握了具体的员工信息才能更好地管理员工,使企业的人才不会流失。本节通过制作员工信息统计表介绍各种类型的数据输入、数据验证功能以及添加批注等知识。

6.2.1 不同数据的输入方式

Excel是存储数据的一种工具,用户可以在单元格内输入各种类型的数据,主要包括数值、日期、文本以及公式等。下面将分别介绍各种类型数据的输入方法。

(1) 文本类型数据的输入

文本类型数据是常见输入数据类型之一,主要包括汉字、英文字母等,数值也可以作为文本输入,只是在输入之前需要简单设置。

Step01: 打开工作簿并进行重命名,选择A1单元格直接输入"员工编号"。

Step02: 根据需要在其他单元格中输入文本类型数据,在Excel中文本型数据默认为左对齐方式。

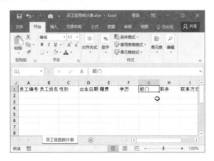

在Excel中如果输入的数字超过11位,会以科学计数法显示,因此在输入之前可以将单元格格式设置为文本类型。

Step01: 选择J2:J15单元格区域,在"开始"选项卡下单击"数字"选项组中的对话框启动器按钮。

Step02: 打开"设置单元格格式"对话框,切换至"数字"选项卡,在"分类"选项框中选择"文本"选项,单击"确定"按钮。

Step03: 返回工作表中，输入身份证号，可见显示完全。

■ 操作解析：打开"设置单元格格式"对话框的方法

下面介绍两种常用的打开"设置单元格格式"对话框的方法。

● 选中单元格区域，单击鼠标右键，在快捷菜单中选择"设置单元格格式"命令即可。

● 选中单元格，按Ctrl+1组合键，即可打开对话框。

(2) 数值类型的输入

Excel的数据处理功能非常强大，首先必须将所需的数值输入单元格中，然后才能计算、分析。

Step01: 打开工作表，在E2:E15单元格中直接输入数字，可见数值类型的数据系统默认右对齐。

Step02: 按照相同的方法在L2:L15单元格区域中输入员工的基本工资，选中该

单元格区域，按Ctrl+1组合键。

Step03: 打开"设置单元格格式"对话框，切换至"数字"选项卡，在"分类"选项框中选择"货币"选项，设置货币符号和保留的小数位数为2，单击"确定"按钮。

Step04: 返回工作表中，可见选中数值自动添加货币符号并保留两位小数。

■ 技高一筹：设置数字格式的方法

选中需要设置格式的单元格，切换至"开始"选项卡，单击"数字"选项组中"数字格式"下三角按钮，在下拉列表中选择合适的数字格式即可。

145

(3) 日期和时间的输入

在Excel中输入日期和时间后默认为右对齐，系统提供了多种日期的格式，用户可以根据需要进行设置。

Step01: 打开工作表，在D2:D15单元格区域中输入员工的出生日期。

Step02: 单击"数字"选项组中的"数字格式"下三角按钮，选择"长日期"选项。

Step03: 返回工作表中，可见日期格式变为长日期，显示的日期信息比较全。

Step04: 打开"设置单元格格式"对话框，在"数字"选项卡下，"分类"选项框中选择"日期"选项，然后在"类型"选项框

中选择日期的类型，单击"确定"按钮。

Step05: 返回工作表中，可见出生日期被修改为选中的日期类型。

■ 技高一筹：快速输入当前日期和时间

若需要输入当前的日期和时间，用户可以使用快捷键法快速输入。选中单元格，按Ctrl+;组合键即可输入当前电脑系统的日期，按Ctrl+Shift+;组合键可快速输入当前电脑系统的时间。

(4) 输入数据的技巧

在输入数据时，有时需要输入非常规的数据，此时需要使用输入的小技巧。例如输入以0开头的数据、在多个单元格中同时输入相同数据等。下面将在步骤中介绍具体的方法。

Step01: 打开工作表，在C2:C15单元格区域中按Ctrl键选择需要输入相同数据的单元格。

Step02: 输入"男",按 **Ctrl+Enter** 组合键即可在选中的单元格同时输入性别。

Step03: 选 择 **A2:A15** 单 元 格 区 域,按 **Ctrl+1** 组合键,打开"设置单元格格式"对话框,切换至"数字"选项卡,在"分类"选项框中选择"自定义"选项,在"类型"文本框中输入"000#",单击"确定"按钮。

Step04: 在 **A2** 单元格中输入1,按 **Enter** 键,可见显示 **0001**,以 **0** 开头的数据。

Step05: 选中 **A2** 单元格,将光标移至右下角,变为黑色十字时,按住鼠标左键向下拖曳至 **A15** 单元格,单击"自动填充选项"下三角按钮,选择"填充序列"单选按钮。

Step06: 返回工作表中,可见员工编号自动填充。

技高一筹: 输入数据时快速换行

在单元格中输入太多数据时,部分数据有可能被覆盖。用户可使用 **Alt+Enter** 组合键强制换行。用户也可以单击"对齐方式"选项组中"自动换行"按钮,输入数据时根据单元格大小自动换行。

Part 2 Excel 办公应用

6.2.2 使用数据验证功能

使用Excel提供的数据验证功能，可以避免输入错误的数据。用户通过数据验证功能设置数据输入的规则，可以控制输入数据的类型或范围。

(1) 创建下拉列表

用户通过设置"序列"的条件，规定在特定的单元格内必须输入序列条件中一个内容选项，保证数据输入的正确性。

Step01: 选择G2:G15单元格区域，切换至"数据"选项卡，单击"数据工具"选项组中"数据验证"按钮。

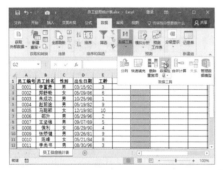

Step02: 打开"数据验证"对话框，在"设置"选项卡中单击"允许"下三角按钮，在列表中选择"序列"选项。

Step03: 在"来源"文本框中输入"大专，本科,硕士,博士"，其中逗号在英文半角状态下输入，单击"确定"按钮。

Step04: 返回工作表中，选中该区域中的单元格，单击右侧下三角按钮，在列表中选择相应的选项即可。

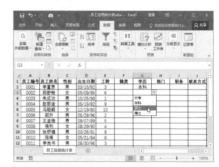

(2) 限制在单元格中输入空格

用户在输入员工姓名的时候，为了表格整体美观，习惯在两个字中间插入空格，但是这些单元格若参加计算，会返回错误的结果，因此可以设置限制输入空格。

Step01: 打开工作表，选中B2:B15单元格区域，单击"数据工具"选项组中"数据验证"按钮，打开"数据验证"对话框，在"允许"列表中选择"自定义"选项，在"公式"文本框中输入"=LEN(B2)=LEN(SUBSTITUTE(B2," ",))"。

Step02: 切换至"出错警告"选项卡, 单击"样式"下三角按钮, 在列表中选择"停止"选项, 并设置"标题"和"错误信息"的相关内容, 单击"确定"按钮。

Step03: 返回工作表中, 并输入员工姓名, 如果输入空格则弹出提示对话框。

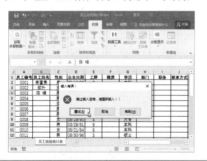

(3) 限制输入手机号码

在员工信息统计表中若输入员工的联系方式, 只能输入11位手机号码。

Step01: 选择J2:J15单元格区域, 切换至"数据"选项卡, 单击"数据工具"选项组中"数据验证"按钮。

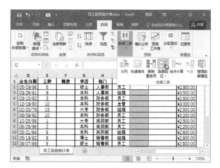

Step02: 打开"数据验证"对话框, 设置"允许"为"自定义", 在"公式"文本框中输入"=LEN(J2)=11"。

Step03: 切换至"输入信息"选项卡, 在"标题"和"输入信息"文本框中输入相关内容, 单击"确定"按钮。

Step04: 选中该单元格区域任意单元格, 显示提示框, 然后输入11位手机号码。

149

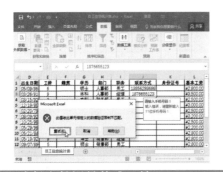

(4) 确保身份证号的唯一性

身份证号码是唯一的，没有重复的，为了防止输入时出现重复现象，用户可以使用数据验证功能确保输入数据的唯一性。

Step01: 选择K2:K15单元格区域，切换至"数据"选项卡，单击"数据工具"选项组中"数据验证"按钮。

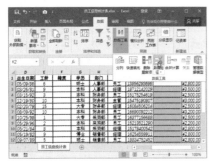

Step02: 打开"数据验证"对话框，在"允许"列表中选择"自定义"选项。

Step03: 在"公式"文本框中输入"=COUNTIF($K$2:$K$15,$K2)=1"，单击"确定"按钮。

Step04: 切换至"出错警告"选项卡，输入"标题"和"错误信息"，单击"确定"按钮。

Step05: 返回工作表中，输入员工的身份证号，若输入重复则打开提示对话框，单击"取消"按钮，重新输入正确号码。

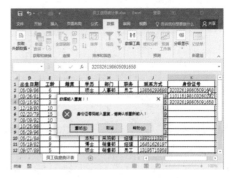

Excel 2016

6.2.3 为单元格添加批注

在工作表中如果需要对某些单元格中的内容进一步解释说明，用户可以为其添加批注，方便自己或浏览者了解单元格中内容的含义。本节主要介绍添加批注和编辑批注的方法。

(1) 添加批注

单元格批注就是为单元格中的内容进行注释或说明。下面介绍添加批注的具体操作步骤。

Step01： 选中 **F3** 单元格，切换至"审阅"选项卡，单击"批注"选项组中的"新建批注"按钮。

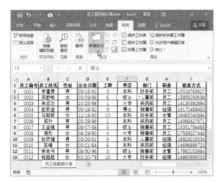

Step02： 选中的单元格右上角出现红色三角形，在批注框中输入相关的内容。

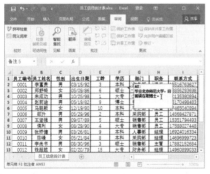

■ **技高一筹：删除批注**

选中需要删除批注的单元格，单击"批注"选项组中"删除批注"按钮即可。

也可以通过"定位条件"对话框，定位所有批注的单元格，然后执行删除批注。

(2) 编辑批注

如果需要修改批注的内容，是不可以直接在批注框中修改的，下面介绍具体的操作方法。

Step01： 选中需要编辑批注的单元格，切换至"审阅"选项卡，单击"批注"选项组中的"编辑批注"按钮。

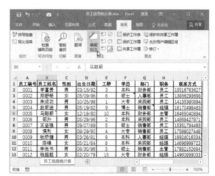

Step02： 可见选中单元格的批注为可编辑状态，输入内容后单击任意单元格即可退出编辑状态。

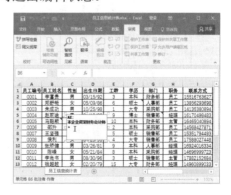

Part 2 Excel 办公应用

■ 操作解析："编辑批注"按钮

用户如果选中未添加批注的单元格，在"批注"选项组中显示的是"新建批注"按钮，若选择已添加批注的单元格，则为"编辑批注"按钮。

知识大放送

◎ 在表格中如何隔行插入一行？

Ⓐ 隔行插入一行主要是建立在辅助列和排序的基础上的，通过本方法的学习，用户可以举一反三进行隔行插入多行的操作。

Step01: 在A列前插入一辅助列，在A2:A15单元格区域中输入序号，然后在A16:A29单元格区域中输入1.1至14.1，如下左图所示。

Step02: 选中A2:A29单元格区域，切换至"数据"选项卡，单击"排序和筛选"选项组中的"升序"按钮，然后删除辅助列，可实现隔行插入一行，如下右图所示。

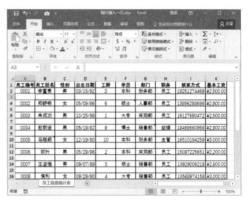

◎ 在表格中如何显示或隐藏滚动条？

Ⓐ 在Excel中系统默认是显示垂直和水平滚动条的，如果需要设置滚动条的隐藏和显示，单击"文件"标签，在列表中选择"选项"选项，打开"Excel选项"对话框，在"高级"选项面板中，取消勾选"显示水平滚动条"和"显示垂直滚动条"复选框即可隐藏滚动条，再次勾选该复选框可显示滚动条。

◎ 如何为数据添加单位，并且不影响数据的计算？

Ⓐ 若直接在数据后面输入单位，使用公式将计算出错误的结果，下面介绍自动添加单位，并且不影响数据计算的方法。

Step01: 打开工作表选中需要添中单位的单元格, 按 **Ctrl+1** 组合键, 打开 "设置单元格格式" 对话框, 在 "数字" 选项卡中选择 "自定义" 选项, 在 "类型" 文本框中输入 "0.00元", 单击 "确定" 按钮, 如右图所示。

Step02: 返回工作表中, 可见选中的单元格区域中的数据保留两位小数并且自动添加单位, 如下左图所示。

Step03: 在 **G4** 单元格中输入 "=F4*E4" 公式, 按 **Enter** 键执行计算可见计算出结果, 将公式填充至 **G6** 单元格, 可见添加单位并不影响计算, 如下右图所示。

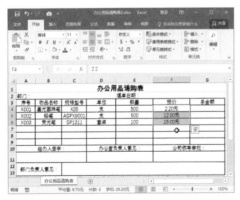
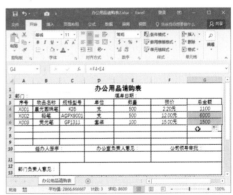

② 如何在表格中插入特殊的符号?

Ａ 如果在表格中需要输入特殊的符号, 在键盘上很难输入。把光标移至需要插入特殊符号的位置, 切换至 "插入" 选项卡, 单击 "符号" 选项组中 "符号" 按钮, 打开 "符号" 对话框, 在 "符号" 选项卡中选择需要插入的特殊符号, 然后单击 "插入" 按钮即可。

Part 2 Excel 办公应用

ⓠ 如何圈释工作表中无效的数据?

Ⓐ 使用Excel的"圈释无效数据"功能,可以圈释表格中指定区域内未满足条件的数据,具体操作方法如下。

Step01: 选中E2:E15单元格区域,打开"数据验证"对话框,设置员工工龄范围,单击"确定"按钮,如下左图所示。

Step02: 单击"数据验证"下三角按钮,在列表中选择"圈释无效数据"选项,即可圈释出设置数据验证条件之外的数据,如下右图所示。

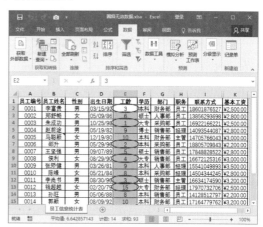

Excel 2016

Chapter 07 数据的编辑美化

本章概述

为了使Excel表格更加完美地展现数据,可以对其进行美化操作。本章主要介绍设置单元格的格式、套用单元格格式和表格样式、使用主题等方法美化表格,还介绍查找和替换功能,以及条件格式的应用。通过本章的学习用户可以熟练掌握表格的美化技巧。

要点难点

◇ 设置单元格格式
◇ 套用表格样式
◇ 使用主题
◇ 查找与替换功能
◇ 应用条件格式
◇ 管理条件格式

本章案例文件

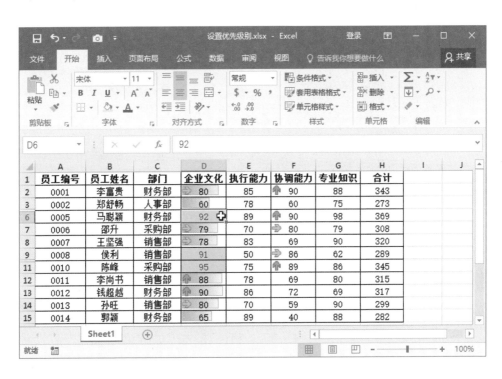

7.1 物品发放明细表

物品发放明细表主要记录企业各部门各物品使用情况，主要包括发放物品的名称、数量、部门等信息。在制作物品发放明细表过程中，将介绍设置单元格格式、套用单元格样式以及表格格式等美化表格的操作。

7.1.1 设置单元格格式

表格创建完成后，为了表格整体美观，用户可以为其设置边框和数据的对齐方式。通过本节的学习可以对表格进行简单的美化操作。

(1) 设置表格的对齐方式

表格创建完成后，各种类型的数据默认的对齐方式不同，表格看起来很乱，用户可以为表格设置统一的对齐方式。

Step01： 打开工作表，选中 A1:H25 单元格区域，切换至"开始"选项卡，单击"对齐方式"选项组中对话框启动器按钮。

Step02： 打开"设置单元格格式"对话框，单击"水平对齐"下三角按钮，在列表中选择"居中"选项。

Step03： 按照相同方法设置"垂直对齐"为"居中"，单击"确定"按钮，返回工作表中可见选中数据均居中对齐，表格整体很整齐。

■ 技高一筹：功能区域按钮法设置对齐方式

选中单元格区域，切换至"开始"选项卡，在"对齐方式"选项组中单击相应的按钮即可设置对齐方式，主要包括顶端对齐、垂直居中、底端对齐、左对齐、居中和右对齐几种对齐方式。

(2) 设置单元格的边框

Excel 中的网格线起到辅助作用，在打印时是不显示网格线的。用户为表格添加内外边框可以美化表格。

Step01： 打开工作表，选中 A1:H25 单元格区域，按 Ctrl+1 组合键，打开"设置单元格格式"对话框。

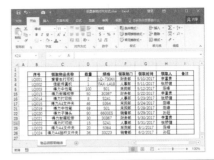

Step02: 在打开的对话框中切换至"边框"选项卡,在"样式"选项框中选择合适的线条样式,然后单击"内部"按钮。

(3) 添加底纹颜色

用户还可以为表格添加底纹,可以填充纯色也可以填充渐变颜色。

Step01: 打开工作表,选中**A1:H25**单元格区域,按**Ctrl+1**组合键,打开"设置单元格格式"对话框。

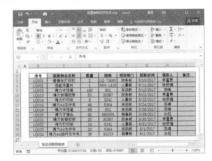

Step03: 再在"样式"选项框中选择线条,单击"颜色"下三角按钮,选择颜色,然后单击"外边框"按钮。

Step02: 在打开的对话框中切换至"填充"选项卡,在"背景色"选项区域选择颜色,单击"确定"按钮。

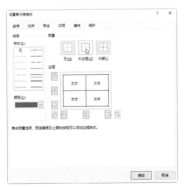

Step04: 返回工作表中,分别在第一行和第一列前插入一行和一列,查看设置边框的效果更明显。

Step03: 返回工作表中,可见选中表格区域添加了底纹颜色,使表格很鲜明。

Part 2 Excel 办公应用

用户可以为单元格添加渐变填充颜色，使用表格更美观。

Step01: 选择表格区域，打开"设置单元格格式"对话框，在"填充"选项卡中单击"填充效果"按钮。

Step02: 打开"填充效果"对话框，设置两种颜色，选择"中心辐射"单选按钮。

Step03: 依次单击"确定"按钮，返回工作表中，可见选中区域的每个单元格均设置了渐变填充。

(4) 设置字体颜色

在 Excel 中输入数据时，字体颜色默认为黑色，用户可以设置字体颜色。

Step01: 打开工作表，选中 A1:H25 单元格区域，打开"设置单元格格式"对话框，切换至"字体"选项卡，设置颜色为紫色。

Step02: 单击"确定"按钮，查看设置字体颜色的效果。

Excel 2016

7.1.2 快速套用单元格样式

在Excel中内置有很多经典的单元格样式,用户可以直接为单元格区域套用内置的单元格样式,也可以对其进行修改或自定义样式。下面介绍详细操作方法。

(1) 套用单元格样式

用户直接在单元格样式库中选择合适的格式即可应用到选中的单元格区域。

Step01: 打开工作表,选中 A1:H25 单元格区域,切换至"开始"选项卡,单击"样式"选项组中的"单元格样式"按钮。

Step02: 在打开的样式库中选择合适的样式,如"着色6"。

Step03: 返回工作表中,可见选中区域应用了该样式。

(2) 修改单元格样式

套用单元格样式后,如果用户感觉不合适,可以进一步修改。

Step01: 打开工作表,选中 A1:H25 单元格区域,在"单元格样式"中右击套用的单元格样式,在快捷菜单中选择"修改"命令。

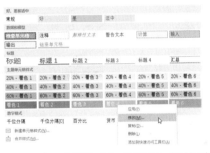

Step02: 打开"样式"对话框,保持默认状态,然后单击"格式"按钮。

Step03: 打开"设置单元格格式"对话框,切换至"字体"选项卡,设置字体、字号和颜色。

159

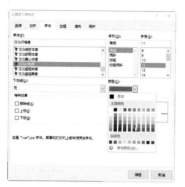

Step04: 切换至"填充"选项卡,选择填充颜色,还可以在"边框"选项卡中设置表格边框。

Step05: 依次单击"确定"按钮,返回工作表中,可见修改后的单元格样式效果。

■ 操作解析:修改的单元格样式应用范围

修改后的样式只能应用于当前工作簿,不能用于新建或打开的其他工作簿。

(3) 合并单元格样式

如何将修改或自定义的样式在其他工作簿中使用呢?下面介绍具体操作。

Step01: 打开修改样式的工作簿,再打开需要合并样式的工作簿并切换至"开始"选项卡,单击"样式"选项组中的"单元格样式"按钮,在列表中选择"合并样式"选项。

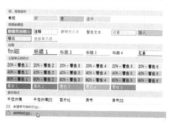

Step02: 打开"合并样式"对话框,在"合并样式来源"选项框中选择需要修改样式模板的工作簿名称,单击"确定"按钮。

Step03: 返回工作表中,单击"单元格样式"下三角按钮,在列表中可见已经添加修改的样式,选择后即可应用到工作表中。

7.1.3 套用表格格式

Excel内有很多表格格式,用户可直接套用起到快速美化表格的作用,也可以根据需要自定义表格格式。

(1) 快速套用表格格式

用户直接套用表格格式可以快速美化表格,提高工作效率。下面介绍套用表格格式的操作步骤。

Step01: 打开工作表,选中表格内单元格,切换至"开始"选项卡,单击"样式"选项组中的"套用表格格式"下三角按钮。

Step02: 打开表格格式库,选择合适的格式,此处选择"浅橙色 表格样式浅色17"。

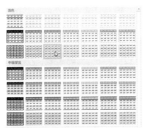

Step03: 打开"套用表格式"对话框,单击"确定"按钮。

Step04: 返回工作表中,表格应用选中的表格格式,标题后出现筛选按钮,在功能区显示"表格工具>设计"选项卡。

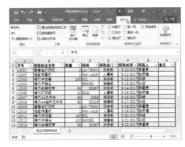

■ 技高一筹:转化为普通区域

套用表格格式后,表格进入筛选模式,若转化为普通区域,可执行以下操作。切换至"表格工具>设计"选项卡,单击"工具"选项组中的"转换为区域"按钮,弹出提示对话框,单击"确定"按钮即可。

(2) 自定义表格格式

用户可以根据自己的喜好自定义表格式,下面介绍具体操作方法。

Step01: 打开工作表,切换至"开始"选项卡,单击"样式"选项组中的"套用表格格式"下三角按钮,在列表中选择"新建表格样式"选项。

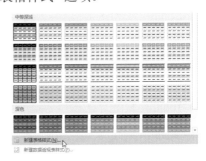

161

Step02: 打开"新建表样式"对话框,在"名称"文本框中输入名称,在"表元素"选项区域中选择"标题行"选项,单击"格式"按钮。

Step03: 打开"设置单元格格式"对话框,分别在"字体"和"填充"选项卡中设置格式,然后单击"确定"按钮。

Step04: 返回"新建表样式"对话框,在"表元素"区域选择"第一行条纹"选项,单击"格式"按钮。

Step05: 在打开的对话框中设置填充颜色,单击"确定"按钮。

Step06: 按照以上方法设置"第二行条纹"的字体和填充颜色。

Step07: 返回工作表中,在"套用表格格式"下拉列表中的"自定义"区域选择自定义的样式,即可应用该样式。

■ 操作解惑:修改自定义样式

在"套用表格格式"列表的自定义样式上右击,选择"修改"命令,然后逐步修改。

Excel 2016

7.1.4 使用表格主题样式

Excel内置有多种风格的主题样式,用户可以直接使用主题快速改变表格风格,还可以设置主题的颜色、字体等。下面介绍使用主题样式的操作方法。

Step01: 打开工作表,为表格套用表格格式,并转换为普通区域。

Step02: 切换至"页面布局"选项卡,单击"主题"选项组中的"主题"下三角按钮,在列表中选择合适的主题样式。

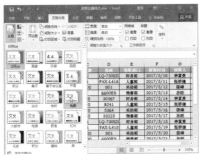

Step03: 单击"主题"选项组中的"主题颜色"下三角按钮,选择合适的颜色。

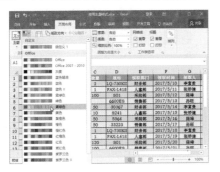

Step04: 单击"主题字体"下三角按钮,在列表中选择合适的字体,此处选择"华文楷体"。

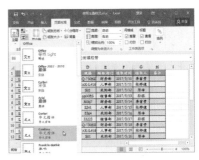

Step05: 设置完成后,查看应用主题后的效果。

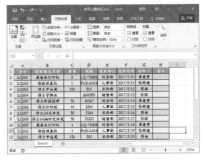

Step06: 在"主题"列表中选择"保存当前主题"选项,在打开的对话框中保存主题。

7.1.5　设置工作表背景样式

为了工作表美观,用户可以为工作表添加背景图片,也可以根据需要为某区域添加背景,下面介绍具体操作步骤。

Step01: 打开工作表,切换至"页面布局"选项卡,单击"页面设置"选项组中的"背景"按钮。

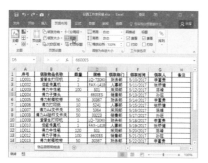

Step02: 打开"插入图片"面板,单击"浏览"按钮,打开"工作表背景"对话框,选择合适的图片,单击"插入"按钮。

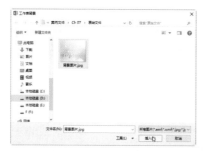

Step03: 返回工作表中,查看添加背景图片后的效果。

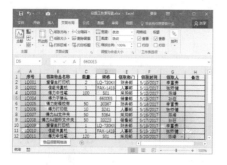

Step04: 用户可以只为表格区域添加背景。全选工作表,打开"设置单元格格式"对话框,设置填充颜色为白色。

Step05: 选中 A1:H25 单元格区域,设置为无填充。

Step06: 在表格的第一行和第一列前插入空白行和列,查看效果更明显。

Excel 2016

7.2 编辑员工培训考核表

企业为了提高员工全面素质,定期为员工培训并进行考核,而且考核的成绩直接影响到员工的年终奖。本节以员工培训考核表为例,介绍查找与替换以及条件格式的创建、编辑和管理等知识。

7.2.1 数据的查找与替换

在处理数据过程中,用户经常会使用查找和替换功能。在大量的数据中迅速查找或替换某数据,使用该功能就能轻松实现。下面介绍该功能的具体使用方法。

(1) 查找与替换基本操作

用户使用查找与替换可以在工作表中迅速替换文本。

Step01: 打开工作表,选中表格内任意单元格,切换至"开始"选项卡,在"编辑"选项组中单击"查找和选择"下三角按钮,在下拉列表中选择"查找"选项。

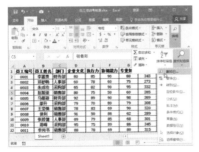

Step02: 打开"查找和替换"对话框,在"查找内容"文本框中输入要查找的文本,单击"查找全部"按钮,则会显示所有包含查找内容的单元格路径。

Step03: 切换至"替换"选项卡,在"替换为"文本框中输入文本,单击"全部替换"按钮。

Step04: 打开提示对话框,显示替换多少处,返回工作表中可见替换已经完成了。

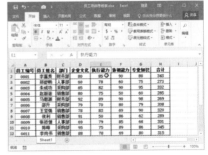

■ 技高一筹:打开"查找和替换"对话框

除了上面介绍的打开"查找和替换"对话框的方法外,还可以使用Ctrl+F或Shift+F5组合键打开。

(2) 高级查找与替换

进入高级查找与替换模式后，可以更精准地查找数据，还可替换单元格的格式，下面介绍具体操作方法。

Step01：打开工作表，选中表格内任意单元格，打开"查找和替换"对话框，在"查找内容"文本框中输入"马聪"，单击"查找全部"按钮，可见搜索到两条信息。

Step02：单击"选项"按钮进入高级模式，勾选"单元格匹配"筛选框，单击"查找全部"按钮，则会显示与查找内容完全一样的一条信息。

Step03：在"替换为"文本框中输入替换的内容"马琼"，单击"全部替换"按钮，提示完成1处替换。

Step04：用户还可以替换单元格的格式，打开第2步的对话框，单击"替换为"右侧"格式"按钮。

Step05：打开"替换格式"对话框，在"字体"和"填充"选项卡中设置格式，单击"确定"按钮。

Step06：返回"替换格式"对话框，单击"确定"按钮，查看替换格式后的效果。

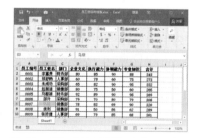

■ 技高一筹：利用替换功能删除内容

打开"查找和替换"对话框，在"查找内容"文本框中输入需要删除的数据，保持"替换为"文本框中为空，然后单击"全部替换"按钮即可。

Excel 2016

(3) 模糊查找

用户可以通过模糊查找寻找包含某数据的单元格,下面介绍具体操作方法。

Step01: 打开工作表,打开"查找和替换"对话框,在"查找内容"文本框中输入"马*",单击"查找全部"按钮,可见搜索到3条姓马的员工信息。

Step02: 如果在"查找内容"文本框中输入"马?",单击"查找全部"按钮,可见搜索到1条姓马的员工信息。

■ 操作解惑:通配符的使用

Excel中的通配符包括"?"和"*"两种,在使用时均在半角状态。"?"代替任意一个字符,"*"代替任意数目的字符,可以是单个字符,也可以是多个字符或者没有字符。

如果需要查找"?"和"*"字符本身时,是不可以直接输入问号和星号的,需要在前面输入波浪符号"~",例如"~?"、"~*"。

7.2.2 为数据创建条件格式

设置条件格式可以将符合条件的数据突出显示出来,从而更直观地显示单元格中的内容,也起到强调数据的作用。Excel主要包括数据条、色阶和图标集等5种条件格式,下面将逐一介绍。

(1) 突出显示单元格规则

若需要为单元格中指定的数字或文本等设置特定格式,用户可以使用突出显示单元格规则。

Step01: 打开工作表,选择D2:D15单元格区域,切换至"开始"选项卡,单击"样式"选项组中的"条件格式"下三角按钮。

Step02: 在下拉列表中选择"突出显示单元格规则 > 大于"选项。

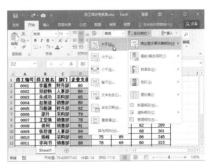

Step03: 打开"大于"对话框,在数值框中输入90,单击"设置为"下三角按钮,在列表中选择"浅红色填充"选项。

Step04: 返回工作表中，可见符合条件的单元格均填充浅红色。

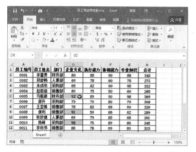

(2) 最前/最后规则

使用"最前/最后规则"可以突显出某些特定的数据，下面介绍具体方法。

Step01: 打开工作表，选中 **E2:E15** 单元格区域，单击"开始"选项卡中"条件格式"下三角按钮，选择"最前/最后规则 > 前10项"选项。

Step02: 打开"前10项"对话框，在数值框中输入"3"，单击"设置为"下三角按钮，在列表中选择"自定义格式"选项。

Step03: 打开"设置单元格格式"对话框，分别设置字体和填充，单击"确定"按钮。

Step04: 返回"前10项"对话框，单击"确定"按钮，返回工作表中可见突出显示前3位的成绩。

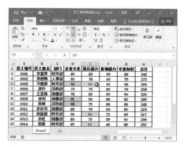

技高一筹：突显成绩高于平均值的数据

使用"最前/最后规则"可以突显出成绩高于平均值的数据，选中单元格区域，单击"样式"选项组中"条件格式"下三角按钮，在列表中选择"最前/最后规则 > 高于平均值"选项即可。

(3) 数据条

通过数据条可以直观展示一组数据的大小, 数值越大数据条越长, 反之亦然。数据条可以设置渐变和实心填充, 并且可以设置不同颜色。

Step01: 选择F2:F15单元格区域, 切换至 "开始" 选项卡, 单击 "样式" 选项组中的 "条件格式" 下三角按钮, 在列表中选择 "数据条>浅蓝色数据条" 选项。

Step02: 返回工作表中, 可见选中的单元格区域应用了数据条的效果。

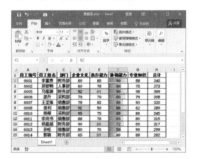

用户可以根据个人喜好设置填充和边框的颜色。第2步所示为选中所有数据应用数据条, 用户可以根据需要为某数据区域添加数据条。

Step01: 打开工作表, 选择F2:F15单元格区域, 单击 "样式" 选项组中的 "条件格式" 下三角按钮, 在列表中选择 "数据条>其他规则" 选项。

Step02: 打开 "编辑规则说明" 对话框, 在 "基于各自值设置所有单元格的格式" 区域设置 "类型" 为 "数字", 并设置最小值和最大值。

Step03: 然后在 "条形图外观" 区域中设置填充类型、颜色和边框的颜色, 单击 "确定" 按钮。

169

Step04：返回工作表中，可见为**75~90**之间的数据应用了数据条。

(4) 色阶

为数据应用色阶，通过颜色的深浅来表示数据的大小。

Step01：选择G2:G15单元格区域，单击"样式"选项组中的"条件格式"下三角按钮，选择"色阶>白–红色阶"选项。

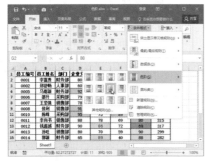

Step02：返回工作表中，可见选中的单元格区域应用了色阶的效果。

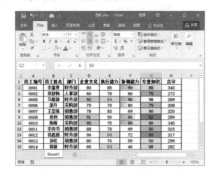

(5) 图标集

使用图标集可以对数据进行等级划分，图标集主要包括方向、形状、标记和等级4种类型。

Step01：打开工作表，选择H2:H15单元格区域，单击"条件格式"下三角按钮，在列表中选择"图标集>三个符号(无圆圈)"选项。

Step02：返回工作表中，可见选中的单元格区域应用了图标集的效果。

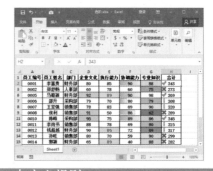

(6) 自定义规则

若上述介绍的条件格式不能满足用户需要，此时可以新建规则。用户自定义条件格式，设置取值的范围以及各种图标。下面介绍具体操作方法。

Step01：打开工作表，选中D2:G15单元格区域，单击"条件格式"下三角按钮，在列表中选择"新建规则"选项。

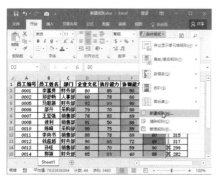

Step02: 打开"新建格式规则"对话框,设置"格式样式"为"图标集",在"图标样式"列表中选择"三色箭头"选项。

Step03: 进一步设置数值范围,并应用对应的图标,单击"确定"按钮。

Step04: 返回工作表中,可见不同的数值范围应用了不同的图标。

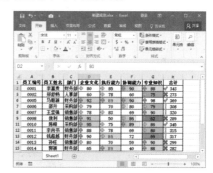

7.2.3 编辑条件格式

为单元格区域应用条件格式后,用户可以根据需要对其进行编辑。下面介绍具体的操作方法。

Step01: 打开工作表,选中已经应用条件格式的单元格区域,此处选择G2:G15单元格区域,切换至"开始"选项卡,单击"样式"选项组中的"条件格式"下三角按钮,在列表中选择"管理规则"选项。

Step02: 打开"条件格式规则管理器"对话框,选择需要编辑的条件格式,然后单击"编辑规则"按钮。

Step03: 打开"编辑格式规则"对话框,根据需要重新设置各参数,单击"确定"按钮。

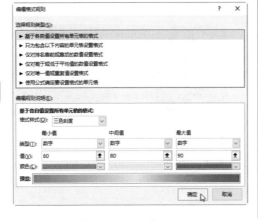

Step04: 返回上层对话框,单击"确定"按钮,返回工作表中查看编辑条件规则后的效果。

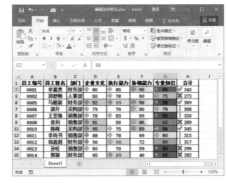

■ 技高一筹:显示条件格式

在"条件格式规则管理器"对话框中,单击"显示其格式规则"下三角按钮,在列表中选择显示规则的范围。

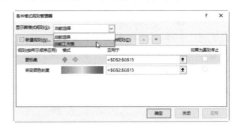

7.2.4 管理条件格式

为工作表创建条件格式后,用户可以对其进行管理,如复制、删除条件格式。若为同一区域设置多个条件格式,还可以设置优选级别。

(1) 复制条件格式

若需要将设置好的条件格式快速应用到其他单元格区域中,可以使用复制条件格式的方法。

Step01: 打开工作表,选择 D2:D15 单元格区域,切换至"开始"选项卡,单击"剪贴板"选项组中的"复制"按钮。

Step02: 选择F2:F15单元格区域,单击"粘贴"下三角按钮,在列表中选择"选择性粘贴"选项。

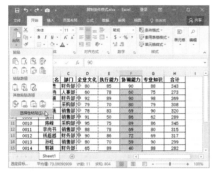

Step03: 打开"选择性粘贴"对话框,选中"格式"单选按钮,单击"确定"按钮。

Step04: 返回工作表中,可见条件格式已被复制到选中的单元格区域。

■ 技高一筹:使用格式刷复制条件格式

选择需要复制条件格式的单元格区域,单击"剪贴板"选项组中"格式刷"按钮,然后选择需要应用条件格式的单元格区域,即可完成复制条件格式。

(2) 设置条件优先级别

同一个单元格区域可以设置多个条件格式,用户在管理条件格式时,可以调整条件的顺序。

Step01: 打开工作表,选中D2:D15单元格区域,单击"开始"选项卡"条件格式"下三角按钮,选择"管理规则"选项。

Step02: 打开"条件格式规则管理器"对话框,选择需要移动的规则,单击"上移"或"下移"按钮。

Step03: 勾选"前3个"规则右侧"如果为真则停止"复选框,单击"确定"按钮。

173

Step04：返回工作表中，可见符合前3个规则的单元格不显示其他条件格式了。

■ 操作解惑：如果为真则停止

当某区域设置多个条件时，优先级最高的规则先执行，然后再执行下一个规则，直至结束。若勾选某规则右侧"如果为真则停止"复选框，一旦满足该规则，不再执行在其级别后的规则。

(3) 删除条件格式

若用户不需要条件格式了，用户可以将其删除，下面介绍两种操作方法。

方法1：使用对话框删除条件格式

Step01：选择F2:F15单元格区域，切换至"开始"选项卡，单击"样式"选项组中的"条件格式"下三角按钮，在列表中选择"管理规则"选项。

Step02：打开"条件格式规则管理器"对话框，选择需要删除的条件格式，单击"删除规则"按钮即可。

方法2：清除规则

打开工作表，选择F2:F15单元格区域，单击"样式"选项组中的"条件格式"下三角按钮，在列表中选择"清除规则"选项，在子列表中根据需要选择合适的选项即可。

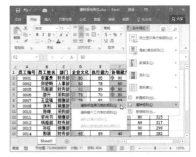

(4) 查找条件格式

打开工作表，选中任意单元格，切换至"开始"选项卡，单击"编辑"选项组中的"查找和选择"下三角按钮，在列表中选择"定位条件"选项，在打开的对话框中选中"条件格式"单选按钮，单击"确定"按钮即可选中应用条件格式的单元格。

知识大放送

❓ 如何使用查找与替换功能替换公式?

打开工作表,选中表格内任意单元格,单击"编辑"选项组中的"查找和选择"下拉按钮,选择"替换"选项,如下左图所示。

弹出"查找和替换"对话框,在"查找内容"文本框中输入SUM,在"替换为"文本框中输入AVERAGE,单击"选项"按钮进入高级查找模式,设置"查找范围"为"公式",单击"全部替换"按钮即可,如下右图所示。

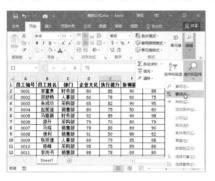
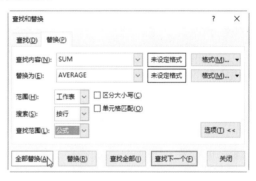

❓ 如何将条件格式转化为单元格格式?

打开工作表,单击"开始"选项卡"剪贴板"选项组中对话框启动器按钮,打开"剪贴板"窗格。选中工作表中设有条件格式的单元格区域,单击"剪贴板"选项组中的"复制"按钮,复制的内容将显示在窗格中,如下左图所示。

选中J2单元格,单击窗格中复制的内容右侧下三角按钮,在列表中选择"粘贴"选项,即可将选中内容复制到指定区域,按Delete键将数据删除,此时只保留单元格格式,如下右图所示。

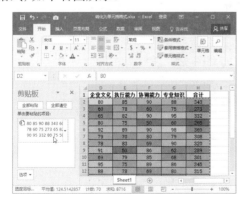
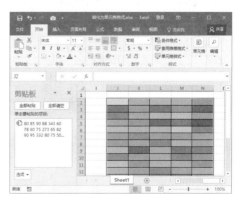

Part 2　Excel 办公应用

Chapter 08 数据的直观展示

本章概述

　　图表是以图形的形式显示数值的系列, 是 Excel 重要的组成部分。使用图表展示数据比文字更具说服力。本章主要介绍图表和迷你图的创建、编辑和美化等操作。通过本章的学习, 用户可以熟练掌握图表和迷你图的应用。

要点难点

◇ 插入图表
◇ 更改图表的类型
◇ 更改图表的数据源
◇ 图表布局的设置
◇ 应用图表样式
◇ 创建迷你图
◇ 美化迷你图

本章案例文件

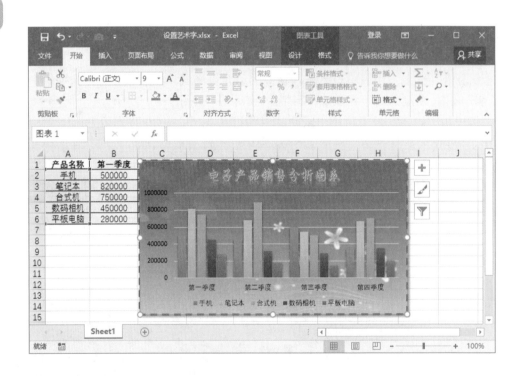

Excel 2016

8.1 电子产品销售汇总图表

电子产品销售汇总图表主要记录各产品的销售情况,然后通过图表的方式形象地展现数据,人们对图形的理解和记忆远远胜过数据。本节主要介绍图表的创建、编辑和美化操作,通过本节学习用户可以熟练创建各种图表。

8.1.1 创建图表

图表是图形化的数据,由点、线、面等图形与数据按特定的方式组合而成。Excel提供了十多种图表的类型,包括柱形图、饼图、条形图和折线图等,使用这些图表可以让烦琐的数据变得更简洁明了。

(1) 插入图表

用户统计一组数据之后,可以插入合适的图表,展示各数据之间的关系。下面介绍两种插入图表的方法。

方法1:功能区创建图表

Step01: 打开工作表,选中表格中任意单元格,切换至"插入"选项卡,单击"图表"选项组中的"插入柱形图或条形图"下三角按钮,在列表中选择合适的图形类型。

Step02: 返回工作表中,可见插入了柱形图。

方法2:推荐的图表

Step01: 打开工作表,选中表格中任意单元格,单击"图表"选项组中的"推荐的图表"按钮。

Step02: 打开"插入图表"对话框,在"推荐的图表"选项卡下,查看Excel为所选数据提供的推荐图表列表,选择所需的图表类型,单击"确定"按钮。

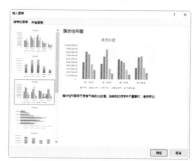

Step03: 返回工作表,查看插入的图表效果。

技高一筹：快捷键创建图表

选择表格中任意单元格，按下F11功能键，在工作表中将生成一个名为Chart1的图表工作表。

选择表格中任意单元格，按下快捷键Alt+F1，在工作表中创建一个嵌入图表。

(2) 调整图表的大小和位置

用户根据展示图表的需要调整其大小和位置，下面介绍具体操作方法。

Step01: 打开工作表，选中图表，在图表四周出现8个控制点，将光标移至任意控制点上拖曳鼠标即可设置其大小。

技高一筹：精确调整图表大小

选中图表，切换至"图表工具＞格式"选项卡，在"大小"选项组中设置"形状高度"和"形状宽度"的值即可精确设置图表的大小。

Step02: 将光标移至图表空白位置，当光标变为十字箭头形状时，按住鼠标左键进行拖曳，至合适位置释放鼠标即可。

Step03: 用户也可将图表移至指定工作表。选中图表，切换至"图表工具＞设计"选项卡，单击"位置"选项组中"移动图表"按钮。

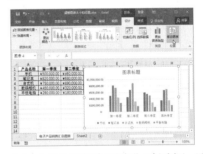

Step04: 打开"移动图表"对话框，选中"对象位于"单选按钮，单击右侧下三角按钮，在列表中选择工作表名，单击"确定"按钮即可移至指定工作表。

技高一筹：固定图表大小和位置

图表会随着工作表行高和列宽的调整而变化，用户可以通过以下方法固定图表大小和位置。单击"大小"选项组中对话框启动按钮，打开"设置图表区格式"窗格，选中"大小和位置均固定"单选按钮即可。

(3) 将图表复制为图片

创建的图表随着源数据的改变而改变, 将图表转化为图片后将不随源数据变化而变化了。

选中图表, 按 **Ctrl+C** 组合键进行复制, 然后选择粘贴位置, 单击"剪贴板"选项组中"粘贴"下三角按钮, 选择"图片"选项, 即可将图表复制为图片, "图表工具"选项卡变为"图片工具"选项卡。

(4) 更改图表类型

创建图表后, 用户可以根据需要更改图表的类型, 下面介绍具体操作方法。

Step01: 打开工作表, 选中图表, 切换至"图表工具 > 设计"选项卡, 单击"类型"选项组中的"更改图表类型"按钮。

Step02: 打开"更改图表类型"对话框, 在"所有图表"选项卡中, 选择"折线图"选项, 在右侧选择合适的类型, 单击"确定"按钮。

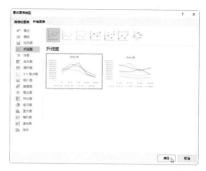

Step03: 返回工作表中, 可见柱形图被更改为折线图。

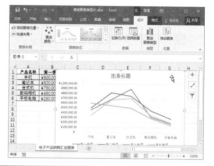

(5) 更改图表的数据源

图表是数据的表现形式, 如果数据发生变化, 用户可以直接更改源数据。

Step01: 打开工作表, 可见图表中只显示各电子产品前3季度的销售情况。

Step02: 选中图表, 切换至"图表工具 > 设计"选项卡, 单击"数据"选项组中的"选择数据"按钮。

179

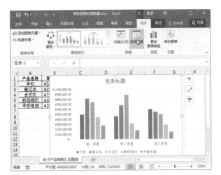

Step03: 打开"选择数据源"对话框, 单击"图表数据区域"右侧折叠按钮, 返回工作表中, 选择更改的数据源。

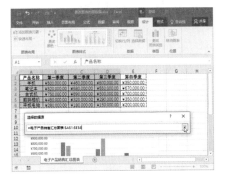

Step04: 返回"选择数据源"对话框, 单击"确定"按钮, 返回工作表中, 可见在图表中显示第四季度各产品销售情况。

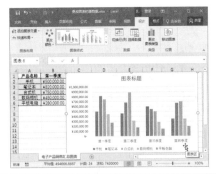

(6) 创建复合图表

图表中有多种数据时, 用户可创建复合图表, 更细致地反应数据。

Step01: 打开工作表, 选择创建图表的单元格区域, 切换至"插入"选项卡, 单击"图表"选项组中的对话框启动器按钮。

Step02: 打开"插入图表"对话框, 切换至"所有图表"选项卡, 选择"组合"选项, 在右侧设置各系列的图表类型。

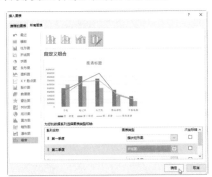

Step03: 返回工作表中, 可见第一、三季度是柱形图, 第二、四季度是折线图。

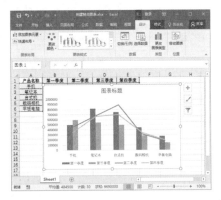

8.1.2 编辑图表

图表创建完成后,用户可以根据需要为图表添加相应的元素,使图表更完美、更专业。下面介绍详细操作方法。

(1) 添加图表标题

如果图表上有标题框则直接输入标题即可,若没有标题框,则需要按照以下方法操作。

Step01: 打开工作表,选中图表,切换至"图表工具 > 设计"选项卡,单击"图表布局"选项组中的"添加图表元素"下三角按钮,在列表中选择"图表标题 > 图表上方"选项。

Step02: 在图表上方出现标题的文本框,删除"图表标题"文字,重新输入标题。

Step03: 选中标题文字,切换至"开始"选项卡,在"字体"选项组中设置字形、字号和颜色等。

(2) 添加图例和数据标签

为图表添加图例和数据标签有助于查看图表和各数据系列的数值。

Step01: 打开工作表,选中图表,切换至"图表工具 > 设计"选项卡,单击"图表布局"选项组中的"添加图表元素"下三角按钮,选择"图例 > 右侧"选项。

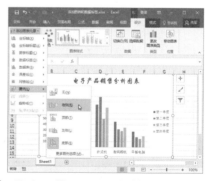

■ 技高一筹:设置图例其他选项

选中图表,切换至"图表工具 > 设计"选项卡,单击"添加图表元素"下三角按钮,在列表中选择"图例 > 更多图例选项"选项,在打开的"设置图例格式"窗格中进一步设置图例。

Step02: 选中图表, 在"添加图表元素"下拉列表中选择"数据标签>数据标签内"选项。

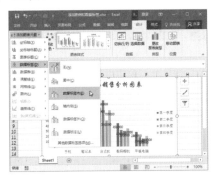

Step03: 右击"第一季度"数据标签, 选择"更改数据标签形状"命令, 在子列表中选择合适的形状。

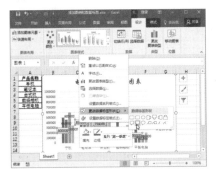

Step04: 选中"第一季度"数据标签, 单击鼠标右键, 在快捷菜单中选择"设置数据标签格式"命令。

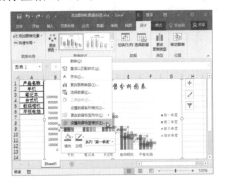

Step05: 打开"设置数据标签格式"窗格, 在"填充与线条"选项区域设置填充颜色, 在"标签选项"选项区域设置标签的位置。

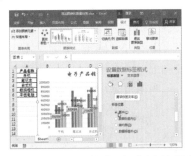

Step06: 按照相同的方法设置其他数据标签的格式。

(3) 添加数据表

为图表添加数据表可以更详细地显示数据,下面介绍具体操作方法。

Step01: 打开工作表, 选中图表, 单击"添加图表元素"下三角按钮, 在列表中选择"数据表>显示图例项标示"选项。

Step02: 返回工作表中,可见在图表底部添加了数据表,显示各产品的销售数据。

(4) 添加趋势线

为表现某系列数据的变化趋势,用户可以使用趋势线功能。

Step01: 打开工作表,选中图表,切换至"图表工具>设计"选项卡,单击"图表布局"选项组中的"添加图表元素"下三角按钮,在列表中选择"趋势线>线性"选项。

Step02: 打开"添加趋势线"对话框,在"添加基于系列的趋势线"选项框中选择"台式机",单击"确定"按钮。

Step03: 选中添加的趋势线,单击鼠标右键,在快捷菜单中选择"设置趋势线格式"命令。

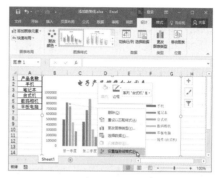

Step04: 打开"设置趋势线格式"窗格,设置趋势线的颜色、宽度和线条样式,为其添加发光效果。

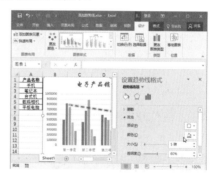

Step05: 设置完成后,关闭"设置趋势线格式"窗格,查看设置趋势线格式后的效果。

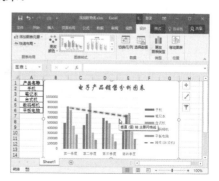

8.1.3 美化图表

图表的美化和人的审美习惯有关,因人而异。一份完美的图表不仅要展示数据关系,还能给人带来美感。我们将向用户介绍美化图表的方法。

(1) 快速应用图表样式

Excel提供10多种图表样式,用户可直接套用,快速对图表进行美化,下面具体介绍操作方法。

Step01: 打开工作表,选中图表,切换至"图表工具>设计"选项卡,单击"图表样式"选项组中的"其他"按钮。

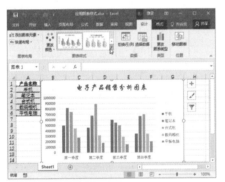

Step02: 在打开的图表样式库中,选择合适的样式,此处选择"样式14"。

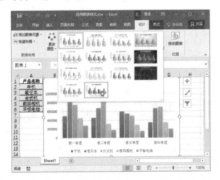

Step03: 切换至"图表工具>设计"选项卡,在"图表布局"选项组中单击"更改颜色"下三角按钮,在下拉列表中选择合适的颜色。

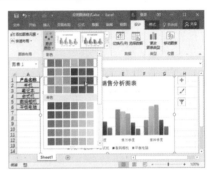

Step04: 操作完成后即可更改数据系列的颜色,查看最终效果。

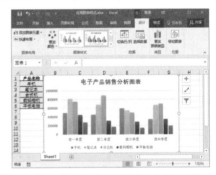

■ **技高一筹:如何切换图表的行和列**

创建图表后,图表中的图例和横坐标轴的系列是可以互换的。选中图表,在"图表工具>设计"选项卡中,单击"数据"选项组中的"切换行/列"按钮即可。

(2) 应用形状样式

用户可以为图表应用内置的形状样式,为图表设置填充颜色、轮廓格式以及形状效果,下面介绍具体操作方法。

Step01: 打开工作表,切换至"图表工具>格式"选项卡,单击"形状样式"选项组中的"其他"按钮。

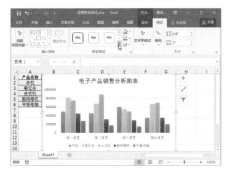

Step02: 在打开的形状样式库中选择合适的形状样式, 此处选择"细微效果 绿色, 强调颜色6"。

Step03: 返回工作表中, 可见图表应用了选中的形状样式。

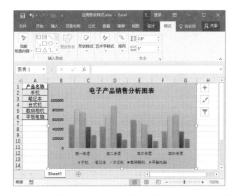

Step04: 保持图表为选中状态, 单击"形状样式"选项组中"形状轮廓"下三角按钮, 在列表中选择合适的轮廓, 此处选择"虚线/短划线"轮廓。

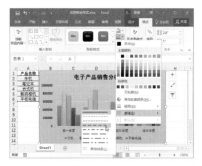

Step05: 单击"形状轮廓"下三角按钮, 在列表中选择"粗细/2.25磅", 并在列表中设置轮廓的颜色。

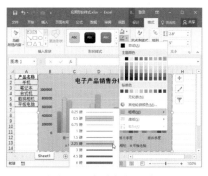

Step06: 单击"形状样式"选项组中"形状效果"下三角按钮, 在列表中选择合适的形状效果, 此处选择"偏移: 右下"外部阴影效果。

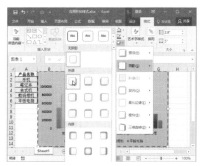

Step07: 单击"形状效果"下三角按钮, 在列表中选择"阴影选项"选项, 打开"设置图表区格式"窗格, 设置阴影的参数。

Part 2 Excel 办公应用

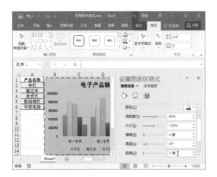

Step08: 返回工作表中, 查看设置形状样式的最终效果。

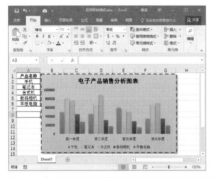

(3) 添加背景图片

用户不但可以为图表添加背景颜色, 还可以添加背景图片, 使图表更美观。下面介绍具体操作方法。

Step01: 打开工作表, 选中图表, 单击"形状样式"选项组中"形状填充"下三角按钮, 在列表中选择"图片"选项。

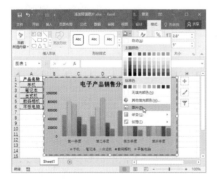

Step02: 打开"插入图片"面板, 单击"浏览"按钮, 打开"插入图片"对话框, 选择合适的图片, 单击"插入"按钮。

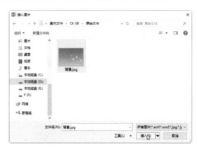

Step03: 返回工作表中, 可见图表添加了图片作为背景。

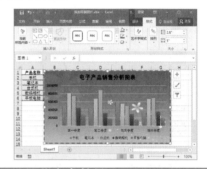

(4) 设置艺术字效果

用户可以为图表的标题设置艺术字效果, 下面介绍具体操作方法。

Step01: 打开工作表, 选中图表的标题, 切换至"图表工具>格式"选项卡, 单击"艺术字样式"选项组中的"其他"按钮。

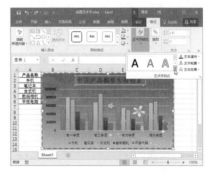

186

Step02: 在打开的艺术字样式库中选择合适的样式。

Step03: 单击"艺术字样式"选项组中"文本填充"下三角按钮, 在列表中选择填充的颜色。

Step04: 保持标题为选中状态, 单击"文本轮廓"下三角按钮, 在列表中选择"粗细/0.25磅"。

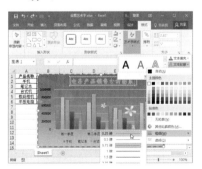

Step05: 单击"文本轮廓"下三角按钮, 在列表中选择"虚线/圆点"选项。

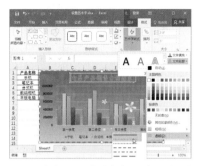

Step06: 单击"形状样式"选项组中"文本效果"下三角按钮, 在列表中选择"映像/半映像: 4磅偏移量"选项。

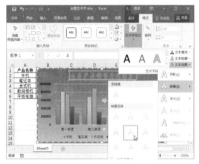

Step07: 设置完成后, 返回工作表中查看设置艺术字后的效果。

■ 操作解惑: 进一步设置映像效果

若需要进一步设置映像的效果, 可单击"文本效果"下三角按钮, 选择"映像>映像选项", 在打开的"设置图表标题格式"窗格中设置具体参数。

8.2 创建图书销售展示迷你图

书店每月都统计各类图书的销售情况，记录图书的销量并制作成表格，用户还可以创建迷你图进一步分析图书的销量变化趋势，本节主要介绍三种迷你图类型，包括折线图、柱形图和盈亏。

8.2.1 创建迷你图

迷你图就是在单元格中以图表的形式直观地显示一组数据的变化趋势。创建迷你图时可以创建单个迷你图，也可以创建一组迷你图，下面介绍具体的创建方法。

(1) 创建单个迷你图

用户可以将一组数据以清晰简洁的图形在单元格展示其变化趋势，下面具体介绍创建方法。

Step01：打开工作表，选中需要创建迷你图的 H2 单元格，切换至"插入"选项卡，单击"迷你图"选项组中的"折线图"按钮。

Step02：打开"创建迷你图"对话框，单击"数据范围"右侧的折叠按钮。

Step03：返回工作表中，选中 B2:G2 单元格区域，然后再单击折叠按钮。

Step04：返回"创建迷你图"对话框，单击"确定"按钮，查看创建的折线图。

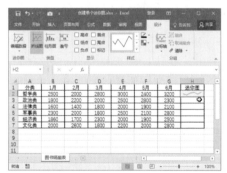

(2) 创建一组迷你图

用户可以为多行或多列同时创建相同类型的迷你图，下面介绍具体操作方法。

Step01：打开工作表，选中 H2:H7 单元格区域，单击"迷你图"选项组中的"柱形图"按钮。

Step02：打开"创建迷你图"对话框，在"数据范围"文本框中输入B2:G7，单击"确定"按钮。

Step03：返回工作表中，在选择的单元格区域中创建柱形图。

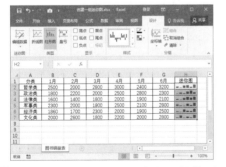

■ 操作解惑：设置创建迷你图的位置

如果创建迷你图前没选中单元格的位置，可以在"创建迷你图"对话框中输入位置，再选择数据区域。创建单个迷你图只能使用一行或一列数据作为数据源。

（3）填充迷你图

创建单个迷你图后，用户可以使用填充方法将迷你图的特征填充至相邻单元格区域，下面介绍具体操作方法。

方法1：填充柄填充法

Step01：打开工作表，选中H2单元格，将光标移至该单元格右下角，变为黑色十字时，按住鼠标左键向下拖曳至H7单元格。

Step02：返回工作表中，可见柱形图填充至H7单元格。

■ 技高一筹：双击填充柄法

选中创建的单个迷你图单元格，然后将光标移至该单元格右下角，双击填充柄即可将迷你图填充至整个表格。

方法2：填充命令法

在H2单元格中插入柱形图，选中H2:H7单元格区域，切换至"开始"选项卡，单击"编辑"选项组中的"填充"下三角按钮，在列表中选择"向下"选项即可。

189

(4) 更改单个迷你图类型

迷你图是按组创建的,如果更改其中一个迷你图类型必须将其分离出来,下面介绍具体操作方法。

Step01: 打开工作表,选中需要更改迷你图类型的H3单元格,切换至"迷你图工具>设计"选项卡,单击"分组"选项组中的"取消组合"按钮。

Step02: 单击"类型"选项组中的"折线图"按钮,即可将H3单元格中的柱形图更改为折线图。

(5) 更改一组迷你图类型

若对创建的一组迷你图不满意,可以批量更改其类型,下面介绍两种方法。

方法1:功能区更改法

Step01: 打开工作表,选中H2:H7单元格区域,切换至"迷你图工具>设计"选项卡,单击"类型"选项组中的"柱形图"按钮。

Step02: 返回工作表中,可见一组折线迷你图被更改为柱形图。

方法2:组合法

Step01: 在工作表中,选中H2:H7单元格区域,然后按住Ctrl键选中B8:G8单元格区域。

Step02: 切换至"迷你图工具>设计"选项卡, 单击"分组"选项组中的"组合"按钮。

Step03: 返回工作表中, 选中的**H2:H7**单元格区域中柱形图更改为**B8:G8**单元格区域中的折线图。

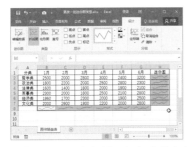

操作解惑: 组合法更改迷你图时的注意事项

当按**Ctrl**键选中多个迷你图区域时, 组合的迷你图类型取决于最后选中的迷你图类型; 当通过鼠标拖曳选中连续的迷你图时, 组合的迷你图类型取决于第一个迷你图的类型。

(6) 添加迷你图的值点

创建完迷你图后, 用户可为其添加数据值点, 更清晰地反映数据。下面具体介绍添加值点的方法。

Step01: 打开工作表, 选中迷你图所在的单元格区域, 切换至"迷你图工具>设计"选项卡, 在"显示"选项组中勾选"高点"和"低点"复选框。

操作解惑: 数据值点的适用范围

标记数据值点适用于折线图, 高点、低点、负点、首点和尾点的数据点适用于三种迷你图类型。

Step02: 若勾选"标记"复选框, 则显示折线图中所有的点。

技高一筹: 清除迷你图

选中迷你图, 切换至"迷你图工具>设计"选项卡, 单击"分组"选项组中的"清除"下三角按钮, 根据需要选择"清除所选的迷你图"或"清除所选的迷你图组"选项。

191

8.2.2　美化迷你图

迷你图创建后，用户可以对迷你图进行相应的美化操作。例如为迷你图应用样式，设置迷你图和标记点的颜色等。

Step01: 打开工作表，选择H3单元格，切换至"迷你图工具>设计"选项卡，单击"样式"选项组中的"其他"按钮。

Step02: 在打开的迷你图样式库中选择合适的样式。

Step03: 单击"样式"选项组中的"迷你图颜色"下三角按钮，在列表中选择"粗细>1.5磅"选项。

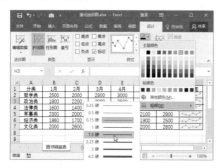

Step04: 再次单击"迷你图颜色"下三角按钮，在列表中选择合适的颜色。

Step05: 单击"标记颜色"下三角按钮，在列表中选择"高点"选项，在子列表中选择合适的颜色。

Step06: 用相同的方法设置其他标记点的颜色，返回工作表中，查看美化迷你图的最终效果。

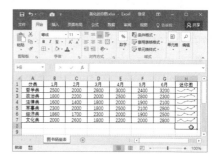

知识大放送

Q 如何为图表添加线性预测趋势线？

A 打开工作表，选中图表，切换至"图表工具 > 设计"选项卡，单击"图表布局"选项组中的"添加图表元素"下三角按钮，选择"趋势线 > 线性预测"选项，打开"添加趋势线"对话框，在"添加基于系列的趋势线"选项框中选择系列，如下左图所示。

单击"确定"按钮，返回工作表中，可见在图表中添加了预测趋势线。右击添加的趋势线，选择"设置趋势线格式"命令，在打开的"设置趋势线格式"窗格中设置预测趋势线的格式，效果如下右图所示。

Q 创建迷你图时，如何处理空单元格？

A 打开工作表，选择需要处理的迷你图所在的单元格，切换至"迷你图工具 > 设计"选项卡，单击"迷你图"选项组中的"编辑数据"下三角按钮，在下拉列表中选择"隐藏和清空单元格"选项，打开"隐藏和空单元格设置"对话框，选中"用直线连接数据点"单选按钮，如下左图所示。

单击"确定"按钮，在迷你图中出现中断的地方用直线连接起来了，如下右图所示。

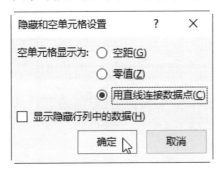
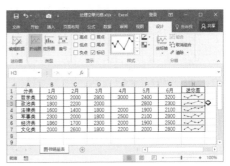

Part 2　Excel 办公应用

Chapter 09 数据的计算

本章概述

　　Excel的强大之处在于数据的计算功能，函数公式可以快速计算出复杂数据的结果。Excel提供多种函数类型，如文本函数、逻辑函数、数学与三角函数、数据库等。本章主要介绍公式和函数的相关知识。通过本章的学习用户可以熟练掌握函数的应用。

要点难点

◇ 公式的输入
◇ 单元格的引用
◇ 定义名称
◇ 逻辑函数
◇ 日期与时间函数
◇ 数学与三角函数
◇ 其他函数
◇ 数组公式

本章案例文件

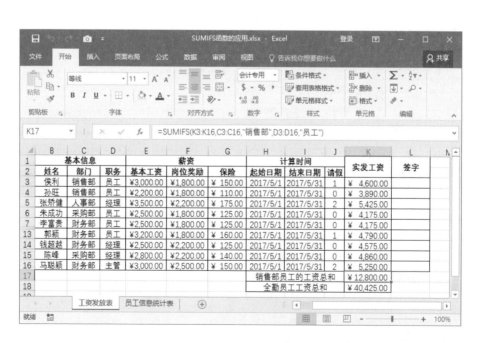

9.1 制作产品入库统计表

产品入库统计表主要用来记录各种产品入库的数量、价格、名称和型号等相关信息。在制作产品入库统计表后，用户可以使用函数计算各种数据。本章将介绍输入公式、函数，审核公式以及单元格引用的类型等操作。

9.1.1 输入公式

使用公式计算数据比较快速、准确，公式是Excel非常重要的组成部分。在使用公式计算之前，先介绍公式输入的方法，下面介绍两种输入公式的方法。

方法1：引用单元格输入

Step01： 打开工作表，选中G3单元格，并输入等号"="，然后用鼠标选中需要引用数据的F3单元格，引用的单元格被虚线选中。

Step02： 输入乘号"*"，使用鼠标选中引用的E3单元格，可见选中不同单元格的颜色也不同。

Step03： 按Enter键执行计算，在G3单元格中显示计算结果，表示产品单价乘以数量等于产品总价。

方法2：手动输入法

用户也可以直接在单元格或编辑栏中输入相应的公式。

打开工作表，选中G4单元格，并输入"="，继续输入"F4*E4"，然后按Enter键执行计算，即可在G4单元格中显示计算产品总价的结果。

■ **技高一筹：在编辑栏中输入公式**

选中需要输入公式的单元格，然后定位在编辑栏中，直接输入公式即可。

195

函数的输入和公式输入方法不同，函数是系统编程好的计算方式，用户使用时只需要引用到对应的单元格即可。

方法1：插入函数

Step01：打开工作表，选中G5单元格，单击编辑栏中"插入函数"按钮。

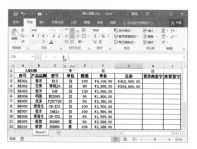

Step02：打开"插入函数"对话框，单击"或选择类别"下三角按钮，选择"数学与三角函数"选项，选择PRODUCT函数，单击"确定"按钮。

■ 操作解惑：PRODUCT函数

PRODUCT函数计算引用的数字或单元格中内容之间的乘积。语法格式：PRODUCT(number1,number2 …)

其中number1,number2为1至30个需要相乘的数字参数。

Step03：打开"函数参数"对话框，在Number1文本框中输入F5，在Number2文本框中输入E5，单击"确定"按钮。

Step04：返回工作表中，可见在G5单元格中已经计算出结果。

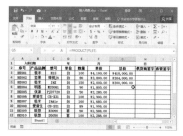

方法2：手动输入函数

Step01：选中G6单元格，然后输入"=PRODUCT("。

Step02：之后输入"F6,E6)"，参数之间使用英文半角状态下逗号隔开，按Enter键即可。

9.1.2 编辑公式

用户输入完公式后，可以根据不同要求对公式进行编辑，如修改、复制、填充或隐藏公式等。下面将分别详细介绍。

(1) 修改公式

输入公式后，用户可以对其进行修改，下面介绍修改公式的方法。

Step01: 打开工作表，选中**G4**单元格，将光标移至编辑栏中并单击，公式为可编辑状态。

Step02: 在编辑栏中直接修改，输入"=PRODUCT(E4,F4)"公式，按Enter键执行计算即可。

(2) 复制和填充公式

若工作表中的多列或多行中应用相同的计算公式，用户可以使用复制或填充功能，下面介绍具体操作方法。

Step01: 打开工作表，选中**G3**单元格，按Ctrl+C组合键进行复制，此时该单元

格被滚动的虚线包围。

Step02: 选中**G4:G13**单元格区域，单击"剪贴板"选项组中的"粘贴"下三角按钮，在列表中选择"公式"选项。

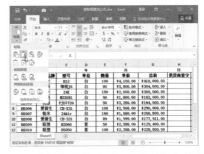

Step03: 返回工作表中，可见选中的单元格应用了公式并计算出结果。

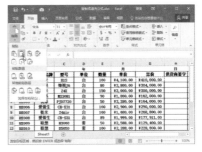

用户可以使用填充公式的方法，将公式复制到相邻的单元格。

Step01: 在 G3 单元格中输入公式，选中该单元格，将光标移至该单元格右下角，当变为黑色十字时，按住鼠标左键向下拖曳至 G13 单元格。

Step02: 返回工作表中可见公式填充至 G13 单元格，并计算出结果。

■ **操作解析：填充公式的方法**

除了上述填充公式的方法外，下面介绍另外两种方法。

● 选中 G3 单元格，将光标移至右下角变为黑色十字时双击，即可将公式填充至表格结束。

● 选中 G3:G13 单元格区域，切换至"开始"选项卡，单击"编辑"选项组中的"填充"下三角按钮，在列表中选择"向下"选项。

(3) 显示公式

在表格中使用公式计算各种数据后，用户若需要查看计算公式，可以使用显示公式功能，将表格中所有的公式显示出来，不显示计算结果。

Step01: 打开工作表，选中表格中任意单元格，切换至"公式"选项卡，单击"公式审核"选项组中的"显示公式"按钮。

Step02: 返回工作表中，可见表格中公式都显示在单元格中，并不显示计算结果。

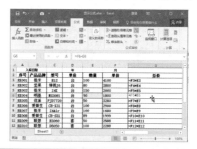

(4) 隐藏公式

创建公式后，用户可以将公式隐藏起来而只显示计算结果，防止在传阅时被修改，下面介绍具体操作方法。

Step01: 打开工作表，选中表格内任意单元格，切换至"开始"选项卡，单击"编辑"选项组中的"查找和选择"下三角按钮，在列表中选择"定位条件"选项。

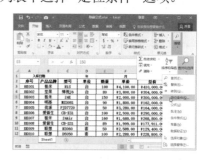

198

Step02: 打开"定位条件"对话框, 选中"公式"单选按钮, 单击"确定"按钮。

Step03: 返回工作表中, 选中所有输入公式的单元格, 按**Ctrl+1**组合键, 打开"设置单元格格式"对话框。

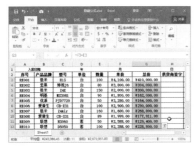

Step04: 在打开的对话框中, 切换至"保护"选项卡, 勾选"隐藏"复选框, 单击"确定"按钮。

Step05: 返回工作表后, 切换至"审阅"选项卡下, 单击"更改"选项组中的"保护工作表"按钮。

Step06: 打开"保护工作表"对话框, 不需要设置密码, 单击"确定"按钮。

Step07: 返回工作表中, 选中使用公式计算的单元格, 可见在编辑栏中不显示公式了, 只在单元格中显示结果。

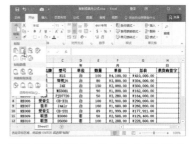

若取消隐藏公式, 选中隐藏公式的单元格区域, 单击"更改"选项组中的"撤销工作表保护"按钮, 然后打开"设置单元格格式"对话框, 取消勾选"隐藏"复选框, 单击"确定"按钮即可。

9.1.3 审核公式

当使用公式计算结果时,难免会出现一些失误,得到错误的结果。Excel提供了后台检查错误的功能,可以方便地查找错误的根源,然后更正公式。

(1) 检查公式错误

下面我们将介绍检查与解决公式错误的方法,具体如下。

Step01: 打开含有公式的工作表,在"公式"选项卡中,单击"公式审核"选项组中的"错误检查"按钮。

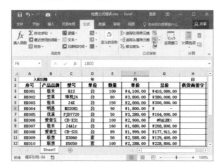

Step02: 打开"错误检查"对话框,显示检查的第一个错误是G6单元格中的公式,单击"在编辑栏中编辑"按钮。

Step03: 此时G6单元格为可编辑状态,将引用错误的单元格G6更改为F6,然后单击"继续"按钮即修改成功。

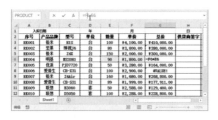

Step04: 在对话框中显示下一处错误,显示G8单元格中的公式错误,单击"显示计算步骤"按钮。

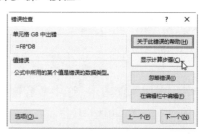

Step05: 打开"公式求值"对话框,单击"求值"按钮,逐步查找即可发现错误的地方,可见单元格引用错误。

Step06: 按照Step02和03的方法修改错误,直至修改完成,弹出的Microsoft Excel提示对话框中显示已经完成了工作表中所有公式的错误检查,单击"确定"按钮。

如果单元格内公式错误,在单元格的左上角出现一个三角形,选中该单元格,单击左侧下三角按钮,选择合适的选项。

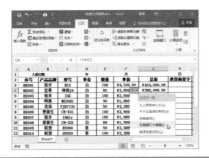

(2) 设置错误检查规则

Excel的后台检查错误功能,只检查规定的错误规则。用户可以根据需要设置错误规则,下面介绍具体方法。

Step01: 打开工作表,单击"文件"标签,选择"选项"选项。

Step02: 打开"Excel选项"对话框,切换至"公式"选项面板。在"错误检查"选项区域中,设置是否允许后台错误检查;在"错误检查规则"选项区域中,设置检查规则。设置完成后,单击"确定"按钮。

技高一筹:常见的错误值及其含义

若公式出现错误,在单元格中会显示不同的错误值,下面将介绍错误值的意义。

#DIV/0!表示除以0所得的值,除法公式中分母被指定为空白单元格。

#NAME?表示用了不能定义的名称。名称输入错误,或文本没加双引号。

#VALUE!表示参数的数据格式错误,函数中使用的变量或参数类型错误。

#REF!表示公式中引用了无效的单元格。

#N/A表示参数中没有输入必需的数值。查找与引用函数中没有匹配检索值的数据,或者统计函数得不到正确结果。

#NUM!表示参数中指定的数值过大或过小,函数无法计算出正确答案。

####表示当列宽不够宽,或使用了负的日期及时间时,出现错误。

(3) 追踪引用或从属单元格

当需要查看单元格与公式之间的关系时,应用追踪单元格的方法,可以清晰地确认这些关系。

Step01: 打开工作表,选择需要追踪引用的G3单元格,切换至"公式"选项卡,单击"公式审核"选项组中的"追踪引用单元格"按钮。

201

Step02: 可见追踪引用的单元格的箭头指向 **G3** 单元格，其中蓝色实心圆点所在的单元格表示从属于 **G3** 单元格。

Step03: 选择需要追踪从属的 **G3** 单元格，单击"追踪从属单元格"按钮。

Step04: 可以看到箭头指向了引用 **G14** 单元格。

Step05: 若需要移去追踪箭头，则单击"公式审核"选项组中"移去箭头"下三角按钮，选择需要移去的箭头。

若选择"移去箭头"选项，则移去工作表中所有的追踪箭头。

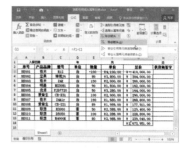

（4）查找循环引用

若输入公式的单元格参与公式的计算，会导致公式重复执行计算，通常产生错误的结果。下面介绍如何查找循环引用的单元格并进行修改。

Step01: 打开工作表，选中表格内单元格，切换至"公式"选项卡，单击"公式审核"选项组中的"错误检查"下三角按钮，在列表中选择"循环引用"选项，在子列表中显示循环引用的单元格。

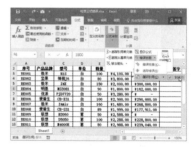

Step02: 自动选中循环引用的单元格，在编辑栏中修改公式即可，按照相同的方法继续查找循环引用的单元格。

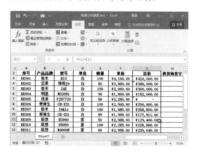

9.1.4 单元格的引用

在使用公式或函数计算时, 单元格的引用尤为重要, 只有正确地引用单元格才能计算出正确的结果。单元格的引用方式一般分为相对引用、绝对引用和混合引用3种。

(1) 相对引用

相对引用是指从属的单元格会随着公式所在单元格的变化而变化, 下面介绍相对引用的具体方法。

Step01: 打开工作表, 在 G3 单元格中输入公式 "=F3*E3"。

Step02: 按下 Enter 键, 显示出运算结果, 然后将公式填充至 G13 单元格。

Step03: 操作完成后, 选中 G4 单元格, 可见在编辑栏中公式引用的单元格随公式的位置变化而变化。

(2) 绝对引用

绝对引用是指从属的单元格不随公式所在单元格的位置变化而变化, 下面介绍绝对引用的方法。

Step01: 打开工作表, 假设销售产品的毛利润为 25%, 选中 H3 单元格, 并输入销售利润计算公式 "=PRODUCT(G3,I3)"。

Step02: 单击公式中的 I3, 按 1 次 F4 功能键, 公式变为 "=PRODUCT(G3,$I$3)", 按 Enter 键执行计算。

■ 操作解惑: 快速切换引用方式

在 Excel 中, 公式中的引用方式是通过按键盘上的 F4 功能键进行快速切换的。

按 F4 功能键 1 次至 4 次的顺序是: 绝对列与绝对行、相对列与相对行、绝对列与相对行和相对列与绝对行。

Step03: 将公式填充至H13单元格,选中H4单元格,可以看到绝对引用的单元格是不会跟随公式位置改变而改变的。

(3) 混合引用

混合引用是既包含相对引用又包含绝对引用的混合形式,下面介绍混合引用的具体方法。

Step01: 打开工作表,选中G3单元格输入"=F3*(1-G2)"公式。

Step02: 选中公式中的"F3"参数,按3次F4功能键,变为"$F3"。

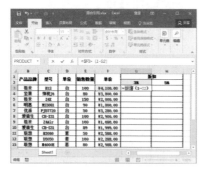

Step03: 选中公式中的"G2"参数,按2次F4功能键,变为"G$2",然后按Enter键执行计算。

Step04: 选中G3单元格,将公式填充至H3单元格,选中G3:H3单元格区域,将公式填充至H13单元格。

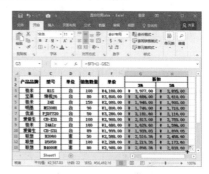

Step05: 返回工作表中,选中H4单元格,在编辑栏中查看公式的变化,可见相对列或相对行是发生变化的,而绝对列和绝对行是不发生变化的。

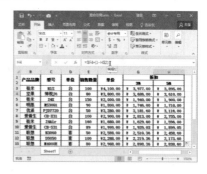

9.1.5 名称的使用

用户可以将单元格、单元格区域或常量等定义名称，在使用公式计算时直接输入名称即可参与计算。使用名称计算数据时不需要考虑单元格的引用，可避免出现错误。

(1) 定义名称

在Excel中名称是一种特殊的公式，保存在工作簿中。使用名称计算很简单明了，下面先介绍定义名称的方法。

方法1：对话框定义法

Step01：打开工作表，切换至"公式"选项卡，单击"定义的名称"选项组中的"定义名称"按钮。

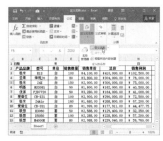

Step02：弹出"新建名称"对话框，在"名称"文本框中输入定义的名称，然后单击"引用位置"右侧的折叠按钮。

■ **技高一筹：定义名称时注意事项**

在定义名称的时候，不能使用空格，使用字母时必须区分大小写，而且名称长度最多为255个字符。在使用字母时不能将C、c、R和r用作名称。

Step03：返回工作表中，选中需要引用的单元格或单元格区域，此处选择F3:F13单元格区域，然后单击折叠按钮。

Step04：返回"新建名称"对话框，单击"确定"按钮，选中该单元格区域，在名称框中显示定义的名称。

■ **技高一筹：名称框定义名称**

选中需要定义的单元格，然后将光标定位至名称框，输入名称即可完成定义名称。使用名称框定义的范围是工作簿级别，定义的单元格或单元格区域为绝对引用。

方法2：根据行或列定义名称

Step01：打开工作表，选中C2:G13单元格区域，切换至"公式"选项卡，单击"定

205

义的名称"选项组中的"根据所选内容创建"按钮。

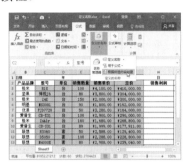

Step02: 打开"以选定区域创建名称"对话框，勾选"首行"和"最左列"复选框，单击"确定"按钮。

Step03: 返回工作表中，单击"名称框"下三角按钮，首行和最左列所有单元格都分别命名了，若选择"销售单价"，则会选中销售单价的所有数据。

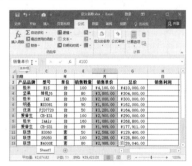

Step04: 在"名称框"中输入"Z4X 销售数量"(两个名称中间用空格隔开)，自动

选中与之对应的F5单元格。

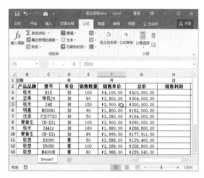

(2) 名称的应用

使用名称参与计算时，直接输入定义的名称即可，很方便。下面介绍具体方法。

Step01: 打开工作表，为E2:E13单元格区域定义名称为"数量"，为F2:F13单元格区域定义名称为"单价"。

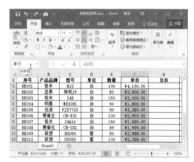

Step02: 选中G3单元格，输入公式"=数量*单价"，按Enter键执行计算。

Step03: 将公式填充至**G13**单元格,选中该区域任意单元格,其公式都是一样的。

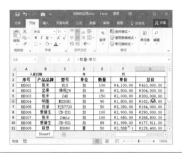

(3) 管理名称

名称定义完成后,用户可以根据需要对名称进行编辑或删除。

Step01: 打开工作表,切换至"公式"选项卡,单击"定义的名称"选项组中的"名称管理器"按钮。

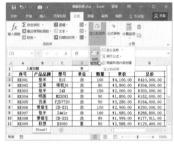

Step02: 弹出"名称管理器"对话框,选中需要编辑的名称,单击"编辑"按钮。

Step03: 打开"编辑名称"对话框,可以修改名称、引用位置,还可以添加备注,

然后单击"确定"按钮。

Step04: 返回"名称管理器"对话框,可见在"**CB_X31**"名称的备注里显示刚才输入的内容。

Step05: 若需要删除某名称,中需选中名称,单击"删除"按钮即可。

■ 技高一筹:查看定义的名称

选中需要粘贴的位置,切换至"公式"选项卡,单击"定义的名称"选项组中的"用于公式"下三角按钮,选择"粘贴名称"选项,在打开的对话框中单击"粘贴列表"按钮,即可将工作表中所有名称显示在选中的位置。

9.2 制作员工工资发放表

员工工资发放表主要记录用人单位工资发放的情况,如员工基本信息、薪资组成、计算时间等信息。此部分通过制作员工工资发放表介绍常用的函数,如日期函数、数学与三角函数、逻辑函数和查找函数等。用户可以根据需要将函数应用到工作中,达到事半功倍的效果。

9.2.1 逻辑函数

逻辑函数对真假值进行判断。常用的逻辑函数包括IF、AND、IFNA等,下面将介绍常用的逻辑函数的应用方法。

(1) IF 函数的应用

使用 IF 函数可以根据条件返回不同的值。某企业的岗位奖励是根据不同职务发放的,主管为2500,经理为2200,员工为1800,根据要求在员工工资发放表中快速填写岗位奖励。

Step01: 打开工作表,选中 F3 单元格,切换至"公式"选项卡,在"函数库"选项组中单击"插入函数"按钮。

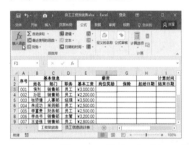

Step02: 打开"插入函数"对话框,在"或选择类别"列表中选择"逻辑"选项,在"选择函数"列表框中选择IF函数。

Step03: 单击"确定"按钮,打开"函数参数"对话框,在参数文本框中输入参数,表示若职务为"员工"时返回1800。

Step04: 在 Value_if_false 文本框中输入"IF(D3="经理",2200,2500)",表示若职务为"经理"则返回2200,不满足以上条件返回2500,单击"确定"按钮。

■ **技高一筹:打开IF"函数参数"对话框**

选中 F3 单元格,切换至"公式"选项卡,单击"函数库"选项组中"逻辑"下三角按钮,在列表中选择 IF 函数即可。

Step05： 返回工作中，在 **F3** 单元格中显示计算结果，将该公式填充至 **F16** 单元格。

■ **操作解惑：IF 函数**

语法结构为：IF (logical_test,value_if_true,value_if_false)。

logical_test：表示任意值或表达式。value_if_true：指定的逻辑式成立时返回的值。value_if_false：指定的逻辑式不成立时返回的值。

(2)AND 函数的应用

使用 AND 函数满足测试的所有条件时返回 TRUE，否则返回 FALSE，在员工考核成绩表中复选出总成绩大于 320，专业知识大于 85 的结果，下面介绍具体操作方法。

Step01： 打开工作表，选中 I2 单元格，单击编辑栏中的"插入函数"按钮，在"或选择类别"列表中选择"逻辑"选项，在"选择函数"选项框中选择 AND 函数，单击"确定"按钮。

Step02： 打开"函数参数"对话框，在 Logical1 文本框中输入"H2>320"，在 Logical2 文本框中输入"G2>85"，单击"确定"按钮。

Step03： 返回工作表中，将公式填充至 I15 单元格，结果为 TRUE 表示满足测试的两个条件，结果为 FALSE 表示两个条件都没满足或只满足一个条件。

■ **操作解惑：AND 函数**

语法结构为：AND (logical1, logical2,…)

logical1 表示需要测试的第一个条件是必需的，logical2 表示需要测试的其他条件，最多为 255 个条件，是可选的。

用户将 IF 和 AND 函数搭配使用即嵌套函数，可以返回不同的值，当总成绩大于 320，专业知识大于 85 时公司奖励500，其余奖励 300。

Step04： 打开工作表，选中 J2 单元格，然后输入"=IF(AND(H2>320,G2>85),500,

300)"公式。

Step05: 按Enter键执行计算，然后将公式填充至J15单元格，切换至"开始"选项卡，单击"数字"选项组中的"数据格式"下三角按钮，在列表中选择"货币"选项，查看计算结果。

210

■ **技高一筹：使用AND函数的注意事项**

使用AND函数时需要注意以下3项：

● AND函数各参数必须是逻辑值，或是包含逻辑值的数组或引用；

● 指定单元格区域内包含非逻辑值时，将返回错误值#VALUE!；

● 数组或引用参数中包含文本或空白单元格，此值被忽略。

(3)IFNA函数的应用

使用函数计算结果显示#N/A时，使用IFNA函数可将计算结果返回指定的值。在使用函数查询员工工资时，如果员工姓名输入错误，结果显示#N/A，使用IFNA函数能够返回"查无此人"，下面介绍具体方法。

Step01: 打开工作表，选中O3单元格，在编辑栏中显示计算公式，将光标定位在等号右侧并输入"IFNA("。

Step02: 将光标定位在公式结尾，输入"," 查无此人")"，按Enter键执行计算。

Step03: 返回工作表中查看显示的结果。

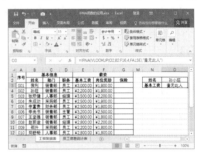

■ **操作解惑：IFNA函数**

语法结构为：IFNA(value,value_if_na)

value表示检查错误值#N/A的参数，value_if_na表示结果为#N/A时返回的值。

9.2.2 日期与时间函数

日期与时间函数是Excel中重要的函数之一, 使用该类函数可以快速对日期和时间类型的数据进行计算。本节将介绍几个常用的日期与时间函数。

(1)DATE 函数的应用

可以使用DATE函数返回特定日期的序列号, 也可以根据身份证号码使用DATE函数提取出生日期。

Step01: 打开工作表, 选择K2单元格, 切换至"公式"选项卡, 单击"函数库"选项组中的"日期和时间"下三角按钮, 在列表中选择DATE函数。

Step02: 打开"函数参数"对话框, 分别在Year, Month, Day文本框中输入参数, 单击"确定"按钮。

操作解惑: DATE 函数

语 法 结 构 为: DATE(year,month,day)

year表示年份, 为1到4位数字, 是必需的; month为表示月份的数字, 是必需的; day表示日期中的天数, 为正整数或负整数, 也是必需的。

Step03: 返回工作表中, 将公式填充至K15单元格, 选中K2:K15单元格区域, 在"设置单元格格式"对话框中设置日期格式。

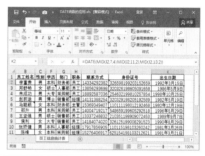

(2)WEEKDAY 函数的应用

使用WEEKDAY函数可以计算某日期的星期值。下面介绍使用该函数计算员工退休日期的星期值的方法。

Step01: 打开工作表, 选择L2单元格, 切换至"公式"选项卡, 单击"函数库"选项组中的"插入函数"按钮。

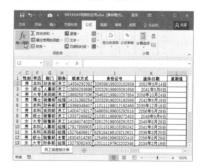

Step02: 打开"插入函数"对话框, 在"或选择类别"下拉列表中选择"日期与时间"选项, 在"选择函数"选项框中选择WEEKDAY函数, 单击"确定"按钮。

211

Step03: 打开"函数参数"对话框, 在 Serial_number 文本框中输入"K2", 在 Return_type 文本框中输入"2", 单击"确定"按钮。

Step04: 返回工作表中, 将公式填充至 L15 单元格查看计算结果。

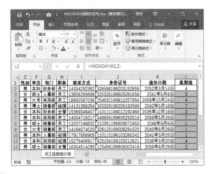

■ 操作解惑: WEEKDAY 函数

语法结构为: WEEKDAY(serial_number,return_type)

serial_number 表示需要计算星期值的日期; return_type 返回值类型的数字, 各数字代表的含义不同。

(3)NETWORKDAYS 函数的应用

使用 NETWORKDAYS 函数可以计算起始日期和结束日期之间的工作日的天数, 工作日不包括周末和指定的节假日。在采购统计表中, 使用该函数可计算出采购日期至送货日期之间的周期。

Step01: 打开工作表, 选择 J3 单元格, 单击编辑栏中的"插入函数"按钮。

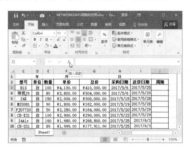

Step02: 打开"插入函数"对话框, 选择 NETWORKDAYS 函数, 单击"确定"按钮。

Step03: 打开"函数参数"对话框, 分别输入参数, 单击"确定"按钮。

Step04： 返回工作表中，将公式填充至 J13 单元格，查看计算结果。

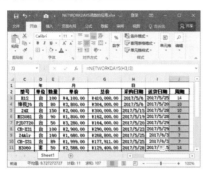

■ 操作解惑：NETWORKDAYS 函数

语法结构为：NETWORKDAYS (start_date,end_date,holidays)

start_date 表示开始日期，是必需的；end_date 表示结束日期，是必需的；holidays 表示不在工作日历中的一个或多个日期所构成的可选区域。

(4)TODAY 和 NOW 函数

如果需要输入当前日期或时间，可以使用 TODAY 和 NOW 函数。

Step01： 打开工作表，选中 C1 单元格，输入"=TODAY()"公式。按 Enter 键执行计算，结果显示当前电脑系统的日期。

Step02： 选中 F1 单元格，然后输入"=NOW()"公式，按 Enter 键执行计算，结果显示当前电脑系统的时间。

■ 操作解惑：TODAY 和 NOW 函数

语法结构分别为：TODAY() 和 NOW()，TODAY 和 NOW 函数都没有参数。

(5)DAYS 函数的应用

使用 DAYS 函数返回两个日期之间的天数，下面介绍具体操作方法。

Step01： 打开工作表，选择 K3 单元格，输入 "=DAYS(I3,H3)" 公式。

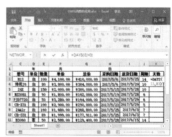

Step02： 按 Enter 键执行计算，将公式填充至 K13 单元格，查看计算结果。

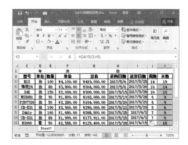

■ 操作解惑：DAYS 函数

语法结构：DAYS(end_date,start_date)

end_date 表示计算日期天数的结束日期，start_date 表示起始日期。

9.2.3 数学与三角函数

数学与三角函数可以对数据进行简单的计算操作,如对数字取整、求和等。常用的数学与三角函数包括SUM、SUMIF和SUBTOTAL等函数。

(1)SUM函数的应用

SUM函数返回所有数字或引用单元格中数据之和,是Excel中常用的函数之一。

Step01: 打开工作表,选中K17单元格,切换至"公式"选项卡,单击"函数库"选项组中的"插入函数"按钮。

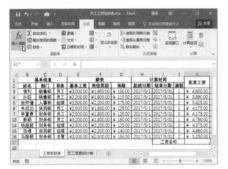

Step02: 打开"插入函数"对话框,在"或选择类别"列表中选择"数学与三角函数"选项,在"选择函数"选项框中选择SUM函数,单击"确定"按钮。

Step03: 打开"函数参数"对话框,在Number1文本框中输入需要求和的单元格区域,单击"确定"按钮。

Step04: 返回工作表中,查看计算工资总额的结果。

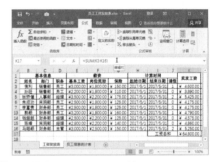

操作解惑:SUM函数

语法格式: SUM(number1,number2,)

number1参数是必需的,为需要求和的第1个数值参数;number2是可选的,表示需要求和的第2个数值参数,数量最多为255个。

(2)SUMIF函数的应用

使用SUMIF函数可以对数据进行有条件的求和。在员工工资发放表中按职务统计实发工资总额。

Step01: 打开工作表,选中K17单元格,切换至"公式"选项卡,单击"函数库"选项组中的"插入函数"按钮。

Step02: 打开"插入函数"对话框,在"选择函数"选项框中选择SUMIF函数,单击"确定"按钮。

Step03: 打开"函数参数"对话框,在Range文本框中输入"D3:D16",在Criteria文本框中输入"员工",在Sum_range文本框中输入"K3:K16",单击"确定"按钮。

Step04: 返回工作表中,查看计算完成后所有员工的工资总额。

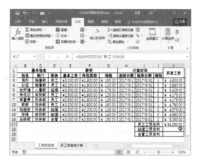

Step05: 在K18单元格中输入"=SUMIF(D3:D16,"经理",K3:K16)"公式。

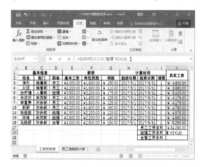

Step06: 在K18单元格中输入"=SUMIF(D3:D16,"主管",K3:K16)"公式,按Enter键执行计算。

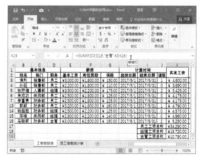

■ 操作解惑:SUMIF函数

语法格式: SUMIF (range,criteria, sum_range)

range表示条件计算的单元格区域;criteria表示求和的条件,sum_range表示求和的单元格区域。

Part 2 Excel 办公应用

使用SUMIF函数进行求和时，求和的条件可以使用通配符进行模糊查找。例如计算员工姓"李"的工资总额。

Step01: 选中F18单元格，然后输入"=SUMIF(B3:B16,"李*",K3:K16)"公式。

Step02: 返回工作表中，可见计算出姓李的员工工资总额。

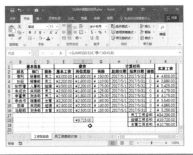

(3) SUMIFS 函数的应用

使用SUMIFS函数可以对符合多条件的数据进行求和。

Step01: 打开工作表，在H17:K18单元格区域中完善表格。

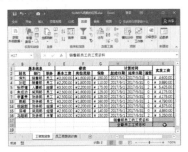

Step02: 选中K17单元格，单击编辑栏中的"插入函数"按钮。

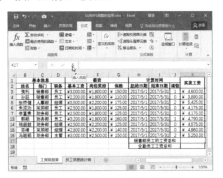

Step03: 打开"插入函数"对话框，选择SUMIFS函数，单击"确定"按钮。

Step04: 打开"函数参数"对话框，输入参数，单击"确定"按钮。

Step05: 返回工作表中，查看统计销售部员工的工资的结果。

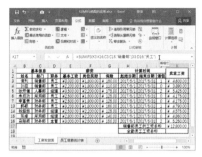

Step06: 选中 K18 单元格, 输入公式 "=SUMIFS(K3:K16,J3:J16,"0")"。

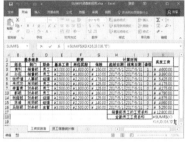

Step07: 返回工作表中, 查看统计全勤员工的工资的结果。

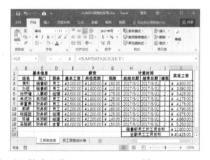

操作解惑: SUMIFS 函数

语法格式: SUMIFS(sum_range,criteria_range1,criteria1,criteria_range2,criteria2, …)

sum_range 表示用于条件计算求和的单元格区域, criteria_range1 表示条件的第一个区域, criteria1 表示条件 1, criteria_range2 表示条件的第二个区域, criteria2 表示条件 2。

(4)MOD 函数的应用

使用 MOD 函数返回两数相除的余数。下面介绍使用 MOD 函数从身份证号中提取性别的方法。身份证号码左侧第 17 位若为偶数, 则性别为女, 若为奇数则为男。

Step01: 打开工作表, 选中 C2 单元格, 切换至 "公式" 选项卡, 单击 "函数库" 选项组中的 "数学与三角函数" 下三角按钮, 在列表中选择 MOD 函数。

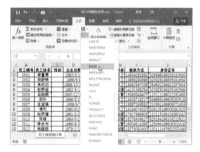

Step02: 打开 "函数参数" 对话框, 设置函数各个参数, 单击 "确定" 按钮。

Step03: 返回工作表中, 将公式填充至 C15 单元格, 查看计算结果。

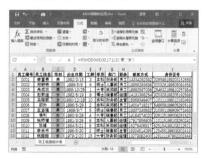

9.2.4 统计函数

使用统计函数可以对数据进行统计分析，Excel提供多种统计函数供用户使用，如MIN、MAX、AVERAGE、AVERAGEIF、COUNT等函数。

(1)MAX 和 MIN 函数的应用

在分析数据时，经常使用MAX和MIN函数计算最大值和最小值，在员工工资发放表中计算出实发工资的最大值、最小值。

Step01：打开工作表，选择K17单元格，输入"=MAX(K3:K16)"公式，按Enter键执行计算。

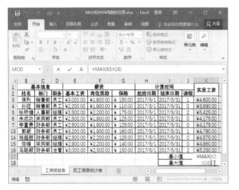

Step02：选择K18单元格，输入"=MIN(K3:K16)"公式，按Enter键执行计算。

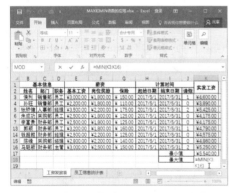

Step03：返回工作表中，查看计算实发工资的最大值和最小值。

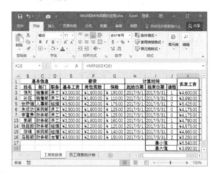

■ 操作解惑：MAX/MIN 函数

语法格式：MAX/MIN（number1，number2，)

其中number1是查找最大值或最小值的第1个数值参数；number2是可选的，表示找出最大值或最小值的第2个数值参数，最多为255个数值参数。

(2)AVERAGE 函数的应用

使用AVERAGE函数可以计算出指定单元格内数据的平均值。函数的参数可以是常量或包含数据的单元格。

Step01：打开工作表，选中K17单元格，切换至"公式"选项卡，单击"函数库"选项组中的"自动求和"下三角按钮，在列表中选择"平均值"选项。

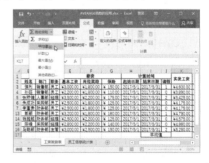

Step02: 在K17单元格中自动输入AVERAGE函数和单元格引用位置, 按Enter键即可计算结果。

■ 操作解惑: AVERAGE函数

语法格式: AVERAGE (number1, number2,)

number1参数是必需的, 为计算平均值的第1个数值参数; number2是可选的, 表示求平均值的第2个数值参数, 最多为255个数值参数。

(3)AVERAGEIF函数的应用

使用AVERAGEIF函数可以按照某条件计算平均值。

Step01: 打开工作表, 选中K17单元格, 单击编辑栏中的"插入函数"按钮, 在打开的对话框中选择AVERAGEIF函数, 单击"确定"按钮。

Step02: 打开"函数参数"对话框, 设置各参数, 单击"确定"按钮。

Step03: 在K18单元格中输入"=AVERAGEIF(C3:C16,"财务部",K3:K16)"公式, 按Enter键执行计算。

Step04: 在K19单元格中输入"=AVERAGEIF(K3:K16,">="&AVERAGE(K3:K16))"公式, 按Enter键执行计算。

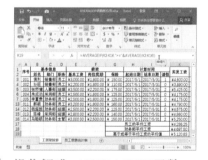

■ 操作解惑: AVERAGEIF函数

语法格式: AVERAGEIF (range,criteria, average_range)

range是必需的, 表示计算平均值的单元格或区域; criteria是必需的, 表示计算平均值的条件; average_range是可选的, 表示计算平均值实际单元格区域。

219

Part 2 Excel 办公应用

(4)COUNTA 函数的应用

使用 COUNTA 函数可统计单元格区域中非空单元格的个数。在员工工资发放表中统计当月请假的人数。

Step01: 打开工作表,选中 J17 单元格,单击编辑栏中的"插入函数"按钮,在打开的对话框中选择 COUNTA 函数,单击"确定"按钮。

Step02: 打开"函数参数"对话框,设置各参数,单击"确定"按钮。

Step03: 返回工作表中,查看统计当月请假的人数。

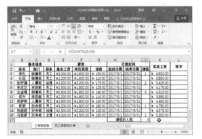

操作解惑: COUNTA 函数

语法格式: COUNTA (value1,value2, …)

value1 表示计数的值的第一个参数,是必需的; value2 表示计算值的其他参数,是可选的,最多为 255 个。

(5)COUNTIF 函数的应用

使用 COUNTIF 函数统计指定单元格区域满足条件的单元格的数量。在员工工资发放表中分别统计工资大于 4500 的人数和所有职务为员工的人数。

Step01: 打开工作表,选中 J17 单元格,打开"插入函数"对话框,选择 COUNTIF 函数,单击"确定"按钮。

Step02: 打开"函数参数"对话框,在 Range 文本框中输入"K3:K16",在 Criteria 文本框输入">4500",单击"确定"按钮。

Step03: 在 J18 单元格中输入"=COUNTIF (D3:D16,"员工")"公式,按 Enter 键执行计算。

Step04: 在J19单元格中输入"=COUNTIF (J3:J16,"")"公式,按Enter键执行计算。

操作解惑:COUNTIF函数

语法格式: COUNTIF (range,criteria)

range是必需的,表示对其计数的单元格或单元格区域; criteria是必需的,表示对单元格进行计数的条件。

(6)COUNTIFS 函数的应用

使用COUNTIFS函数统计指定单元格区域满足多条件的单元格的数量。在员工工资发放表中分别统计满足不同条件的数量,下面介绍具体操作方法。

Step01: 打开工作表,在G17:J19单元格中完善表格。

Step02: 选中J17单元格,打开"插入函数"对话框,选择COUNTIFS函数,单击"确定"按钮。

Step03: 打开"函数参数"对话框,设置各参数的引用,单击"确定"按钮。

221

Step04: 在J18单元格中输入"=COUNTI FS(J3:J16,"",K3:K16,">4500")"公式,按Enter键执行计算。

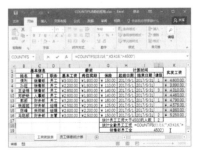

Step05: 在J19单元格中输入"=COUNTIFS (C3:C16,"销售部",J3:J16,"")"公式,按Enter键执行计算。

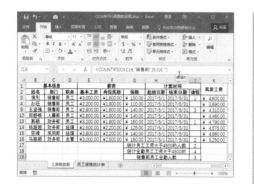

操作解惑：COUNTIFS 函数

语法格式：COUNTIFS(criteria_range1, criteria1,criteria_range2,criteria2,…)

criteria_range1 表示第一条件的单元格区域；criteria1 表示在第一个区域中需要满足的条件；criteria_range2 为第二个条件的区域；criteria2 为在第二个区域中，需要满足的条件。

9.2.5 查找与引用函数

使用查找与引用函数在工作表中查找或引用符合某条件的特定数值，也是常用函数之一。查找与引用函数包括 VLOOKUP、INDEX、LOOKUP、OFFSET 等。

(1)VLOOKUP 函数的应用

使用 VLOOKUP 函数可以查找满足指定条件时返回的值，在员工工资发放表中根据员工的姓名查找部门和实发工资。

Step01：打开工作表，选择 O3 单元格，切换至"公式"选项卡，单击"函数库"中的"插入函数"按钮。

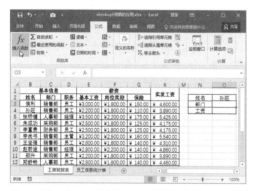

Step02：打开"插入函数"对话框，在"或选择类别"列表中选择"查找与引用"选项，在"选择函数"选项框中选择 VLOOKUP 函数，单击"确定"按钮。

Step03：打开"函数参数"对话框，设置各参数，单击"确定"按钮。

Step04：在 O4 单元格中输入"=VLOOKUP(O2,B3:K16,10)"公式，按 Enter 键执行计算。

■ 操作解惑：VLOOKUP 函数

语法格式：VLOOKUP(lookup_value, table_array,col_index_num,range_lookup)

lookup_value 表示在单元格区域的第一列中搜索的值或引用的单元格；table_array 表示要搜索的单元格区域；col_index_num 表示返回匹配值在引用单元格区域中的列号；range_lookup 表示逻辑值，为 0 或 FASLE、1 或 TRUE。

(2)LOOKUP 函数的应用

如果用户需要查找近似的值，此时就需要进行模糊查找了，使用 LOOKUP 函数即可。

在员工工资发放表中，需要查找实发工资低于 4600，但工资最高的员工的姓名和部门，具体操作方法如下。

Step01：打开工作表，在 N1:O3 单元格区域中输入内容，完善表格。

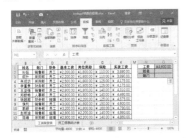

Step02：选中 K2 单元格，切换至"数据"选项卡，单击"排序和筛选"选项组中的"升序"按钮，将工资按升序的顺序排序。

Step03：选中 O2 单元格，切换至"公式"选项卡，单击"查找与引用"下三角按钮，在列表中选择 LOOKUP 函数。

Step04：打开"选定参数"对话框，保持默认状态，单击"确定"按钮，打开"函数参数"对话框，设置参数，单击"确定"按钮。

Step05：选中 O3 单元格，输入公式"=LOOKUP($O$1,$K$2:$K$15,C2:C15)"，按 Enter 键执行计算。

■ 操作解惑：LOOKUP 函数

语法结构为：LOOKUP(lookup_value,lookup_vector,result_vector)。

lookup_value 表示函数 LOOKUP 在

第一个向量中所要查找的数值,它可以为数字、文本、逻辑值或包含数值的名称或引用; lookup_vector表示包含一行或一列的区域, lookup_vector 的数值可以为文本、数字或逻辑值; result_vector表示包含一行或一列的区域,其大小必须与 lookup_vector 相同。

(3)INDEX 函数的应用

当需要进行多条件查找时,可使用 INDEX 和 MATCH 函数进行配合。

Step01: 打开工作表后,在F1:G4 单元格区域完善表格,并使用"数据验证"功能为 G2 和 G3 单元格设置数据验证。

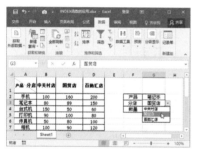

Step02: 选中 G4 单元格,单击编辑栏中的"插入函数"按钮,在打开的对话框中选择INDEX函数,单击"确定"按钮。

Step03: 打开"函数参数"对话框,设置参数,单击"确定"按钮。

办公技巧:公式解析

案例中使用 "=INDEX($B$2:$D$7, MATCH($G$2,$A$2:$A$7,0),MATCH ($G$3,$B$1:$D$1,0))" 公式,该公式是一个嵌套函数公式,INDEX 函数的第2 和第3个参数是MATCH 函数。第1个 MATCH 函数返回查询产品在单元格区域中的行序号,第2个MATCH 函数返回查询门店在单元格区域中的列序号,使用 INDEX 函数定位行号和列号交叉的单元格即为查询的销售数量。

Step04: 返回工作表中,单击G2和G3单元格右侧的下三角按钮,选择需要查找的选项,在G4单元格中自动显示产品数量。

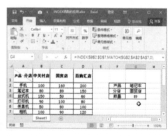

知识拓展:INDEX 和 MATCH 函数

INDEX 函数的语法结构:INDEX (reference,row_num,column_num, area_num)

reference 为对一个或多个单元格区域的引用; row_num 为返回引用区域的行序号; column_num 为返回引用区域的列序号; area_num 为选择引用中的一个

区域, 以从中返回交叉区域。

MATCH 函数的语法结构为: MATCH(lookup_value,lookup_array,match_type)

lookup_value 是需要查找的数值, 可以为数值或对数字、文本等的单元格引用, 也可以是通配符。lookup_array 为查找的单元格区域。match_type 是查询的方式, 若为 1 时, 查找小于或等于 lookup_value 的最大数值在 lookup_array 中的位置; 若为 0 时, 查找等于 lookup_value 的第一个数值; 若为 −1 时, 查找大于或等于 lookup_value 的最小数值在 lookup_array 中的位置。

(4)OFFSET 函数的应用

使用 OFFSET 函数返回单元格或单元格区域中指定行或列的引用。在员工工资发放表中分别统计各部门员工的总工资, 具体操作方法如下。

Step01: 打开工作表后, 在 N1:O5 单元格区域完善表格。

Step02: 选中 "部门" 列任意单元格, 切换至 "数据" 选项卡, 单击 "排序和筛选" 选项组中的 "升序" 按钮。

Step03: 选中 O2 单元格, 然后输入公式 "=SUM(OFFSET($K$1,MATCH(N2,$C$2:$C$17,0),,4))", 按 Enter 键执行计算。

■ 办公技巧: 公式解析

案例中使用 "=SUM(OFFSET($K$1,MATCH(N2,$C$2:$C$17,0),,4))" 公式, 该公式是 3 个函数的嵌套。首先使用 MATCH 函数返回 N2 单元格内数值在 C2:C17 区域中的行数, 然后使用 OFFSET 函数返回 MATCH 函数对应的实发工资, 最后使用 SUM 函数进行求和。

Step04: 在 O2 单元格中计算出人事部 4 位员工的总工资, 然后将公式填充至 O5 单元格即可。

■ 知识拓展: OFFSET 函数

OFFSET 函数的语法结构为: OFFSET(reference,rows,cols,height,width)。

reference 为偏移量参照系的引用区域, rows 为行偏移量, cols 为列偏移量, height 为返回引用区域的行数, width 为返回引用区域的列数。

225

9.2.6 文本函数

文本函数是指处理文字串的函数,主要用于查找或提取文本中的特殊字符、转换数据类型。文本函数包括CONCATENATE、REPLACE、FIND、LEFT、MID等。

(1)CONCATENATE 函数的应用

使用CONCATENATE函数可将多个文本合并为一个文本。在员工工资发放表中,将员工的姓名和职务组合在一起,下面介绍具体操作方法。

Step01: 打开工作表,选中M2单元格,切换至"公式"选项卡,单击"函数库"中的"文本"下三角按钮,选择CONCATENATE函数。

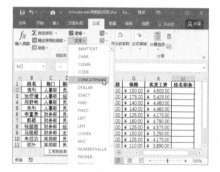

Step02: 打开"函数参数"对话框,输入参数引用的单元格,单击"确定"按钮。

Step03: 返回工作表中,可见员工的姓名和职务已被组合在一起,将公式填充至M17单元格,查看最终效果。

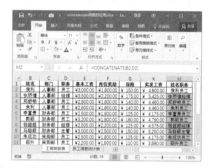

操作解惑: CONCATENATE函数

语法格式: CONCATENATE(text1, text2,…)

其中text1为必需的,表示需要连接的第一个文本; text2为可选的,最多255项文本。

(2)REPLACE 函数的应用

使用REPLACE函数可在文本中插入字符或替换文本中的某些字符。在员工工资发放表中,为了保护员工信息不被泄露,可将手机号后4位用五角星代替。

Step01: 打开工作表,选中J2单元格,打开"插入函数"对话框,选择REPLACE函数,单击"确定"按钮。

Excel 2016

Step02: 打开"函数参数"对话框,设置函数参数,单击"确定"按钮。

Step03: 返回工作表中,将公式填充至J17单元格,查看效果。

■ 操作解惑:REPLACE函数

语法结构为:REPLACE (old_text, start_num,num_chars,new_text)。

old_text表示需要替换部分字符的文本, start_num 表示替换的起始位置, num_chars 表示替换的字符的数量, new_text表示用于替换的文本字符串。

9.2.7 其他函数

除了上述介绍的函数外,Excel还提供了财务、数据库、信息和工程等函数,包括DSUM、PV等。

(1)DSUM 函数的应用

使用DSUM函数可以对数据进行多条件求和。在员工工资发放表中计算财务部员工的工资总额。

Step01: 打开工作表,在N1:P2单元格区域输入条件。

Step02: 选中P2单元格,单击"插入函数"按钮,打开"插入函数"对话框,选择

DSUM函数,单击"确定"按钮。

Step03: 弹出"函数参数"对话框,在Database 文本框中输入"A1:K17",在Field 文本框中输入"K1",在Criteria 文本框中输入"N1:O2",单击"确定"按钮。

Step04: 返回工作表中, 查看财务部员工的实发工资总额。

■ **操作解惑**: DSUM 函数

语法结构为: DSUM (database,field, criteria)。

database 构成列表或数据库的单元格区域, field 指定函数要汇总的数据列, criteria 为包含指定条件的单元格区域。

(2)PV 函数的应用

使用 PV 函数可返回投资的现值。下面介绍该函数的使用方法。

Step01: 打开工作表, 选中 B3 单元格, 单击编辑栏 "插入函数" 按钮。

Step02: 打开 "插入函数" 对话框, 在 "或选择类别" 列表中选择 "财务", 在 "选择函数" 区域选择 PV 函数, 单击 "确定" 按钮。

Step03: 打开 "函数参数" 对话框, 在 Rate 文本框中输入 "B2/12", 在 Nper 文本框中输入 "C2", 在 Pmt 文本框中输入 "–D2"。

Step04: 单击 "确定" 按钮, 即可计算出投资现值。

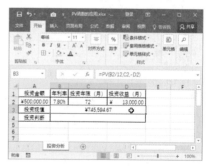

Step05: 选中B4单元格,并输入"=IF(B3>A2,"投资盈利","投资亏损")"公式,按Enter键执行计算。

■ 操作解惑:PV函数

语法格式为: PV(rate,nper,pmt,fv,type)

rate表示各期利率; nper表示总投资(或贷款)期,也就是该项投资的付款期总数; pmt表示各期所支付的金额; fv为未来值,或最后一次支付后希望得到的现金余额; type表示各期付款时间是在期初还是期末,1为期初,0或省略为期末。

(3)SYD函数的应用

用户可以通过对固定资产的折旧来计算出目前资产的净值,使用SYD函数使固定资产在使用年限结束时,固定资产的净值为预计的资产残值。

Step01: 打开工作表,选中B4单元格,打开"插入函数"对话框,选择SYD函数,单击"确定"按钮。

Step02: 弹出"函数参数"对话框,设置各参数,单击"确定"按钮。

Step03: 将公式填充至B8单元格,查看每年折旧额。

Step04: 选中C4单元格输入"=SUM($B$4: B4)"公式并按Enter键,然后将公式填充至C8单元格。

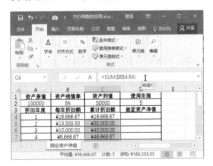

Step05:选中D4单元格,输入"=$A$2-C4"公式,并按Enter键执行计算,然后将公式填充至D8单元格。第五年固定资产净值等于资产残值,同一年累计折旧额加上固定资产的净值等于资产原值。

知识拓展：SYD函数

语法结构为：SYD (cost,salvage, life,per)。

cost表示资产的初始成本，salvage表示固定资产的残值，life表示固定资产的使用年限，per计算资产折旧的期间。

(4)EFFECT函数的应用

使用EFFECT函数可计算年利率。例如某金融企业发行某债券，名义的利率为7%，每年的得利基数为20，使用EFFECT函数计算该债券的有效年利率。

Step01: 打开工作表，选中B3单元格，切换至"公式"选项卡，单击"函数库"选项组中的"插入函数"按钮。

Step02: 弹出"插入函数"对话框，在"或选择类别"列表中选择"财务"选项，在"选择函数"选项框中选择EFFECT函数，单击"确定"按钮。

Step03: 打开"函数参数"对话框，设置函数参数，单击"确定"按钮。

Step04: 返回工作表中，设置数字格式为百分比，查看计算实际利率的结果。

操作解惑：EFFECT函数

语法结构为：EFFECT(nominal_rate,npery)

nominal_rate为名义利率，npery为每年的复利期数。npery必须为整数，而且必须为正数。

9.2.8 数组公式

数组公式就是一组或多组数据同时进行计算,并返回一个或多个结果的运算,按 Ctrl+Shift+Enter 组合键结束。本节将介绍数组公式的相关知识。

(1) 同方向一维数组运算

同方向一维数组之间的运算要求两个数组具有相同的尺寸,然后进行相同元素的一一对应运算。如果运算的两个数组尺寸不一致,则仅两个数组都有元素的部分进行计算,其他部分返回错误值。

Step01: 打开工作表,选中 K3:K16 单元格区域,然后输入"=E3:E16+F3:F16-G3:G16-J3:J16*50"公式。

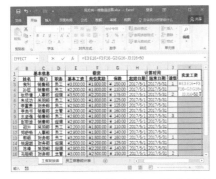

Step02: 按 Ctrl+Shift+Enter 组合键执行计算,此时选中的单元格区域同时计算出实发工资,在编辑栏中可见输入的公式外面有一组大括号。

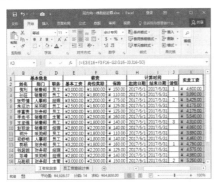

(2) 单值与一维数组的运算

单值与数组的运算是该值分别和数组中的各个数值进行运算,最终返回与数组同方向同尺寸的结果数组。

企业每月给员工分红,分红比例是实发工资的3%,下面介绍使用数组公式计算员工分红金额的方法。

Step01: 打开工作表后,选中 L3:L16 单元格区域,然后输入"=K3:K16*3%"公式,是一维数组与常量的运算。

Step02: 按 Ctrl+Shift+Enter 组合键执行计算,计算出员工当月的分红。设置该单元格区域的数字格式为货币,查看最终的计算结果。

231

(3) 不同方向一维数组的运算

横纵两个不同方向的一维数组进行运算,其中一个数组中的各数值与另一数组中的各数值分别计算,返回一个矩形阵的结果,具体操作方法如下。

Step01: 打开工作表,选中D3:E13单元格区域,然后输入"=C3:C13*(1–D2:E2)"公式,包括横纵各一个一维数组。

Step02: 按Ctrl+Shift+Enter组合键执行计算,计算出各产品不同折扣的销售价格。

■ 操作解惑:使用数组公式时注意事项

输入数组之前必须选中保存结果的单元格区域;数组计算的结果不能对部分单元格进行操作,如删除、插入或编辑,只能对整个单元格区域进行操作。

(4) 二维数组之间的运算

两个二维数组之间的运算,按尺寸较小的数组的位置逐一进行对应的运算,返回结果的数组和较大尺寸的数组的特性一致。

Step01: 打开工作表,选中H3:I13单元格区域,然后输入"=D3:E13*F3:G13"公式。

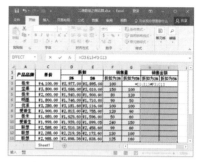

Step02: 按Ctrl+Shift+Enter组合键执行计算,计算出各产品不同折扣的销售金额。

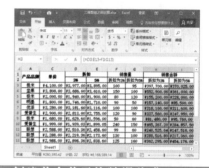

(5) 创建单个单元格数组公式

数组也可以作为函数的参数使用,下面介绍使用SUM函数配合数组计算销售总金额的方法。

打开工作表,选中H3单元格,输入公式"=SUM(D3:E13*F3:G13)",按Ctrl+Shift+Enter组合键执行计算。

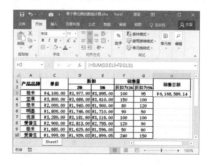

知识大放送

Q 如何使用MID函数根据身份证号码计算生肖?

A 打开工作表, 选中K2单元格, 然后输入"=MID("鼠牛虎兔龙蛇马羊猴鸡狗猪", MOD(MID(J2,7,4)−4,12)+1,1)"公式, 按Enter键执行计算, 如下左图所示。

　　然后将公式填充至K15单元格, 查看计算员工生肖的结果, 如下右图所示。在本案例公式中使用MID函数从身份证号码中提取出生年份, 使用MOD函数计算出年份与12的余数, 最后使用MID函数计算出员工的生肖。

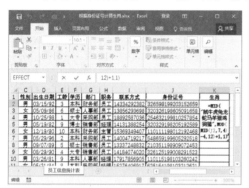 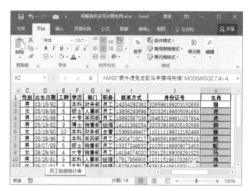

Q 如何进行同方向的一维数组和二维数组之间的运算?

A 打开工作表, 选中F3:G13单元格区域, 然后输入"=C3:C13*D3:E13"公式, 包括同方向一维和二维数组, 如下左图所示。

　　按Ctrl+Shift+Enter组合键执行计算, 计算出1月份和2月份各产品的销售金额, 如下右图所示。

 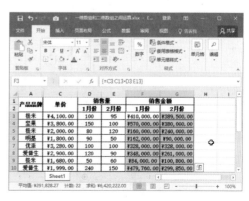

Chapter 10 数据的管理分析

本章概述

Excel是一款优秀的数据处理与分析软件, 基本上可以满足用户各方面的数据分析需求。本章主要介绍排序、筛选、分类汇总和合并计算功能。通过本章的学习, 用户可熟练掌握数据处理与分析的各种技巧和方法。

要点难点

◇ 简单排序
◇ 自定义排序
◇ 筛选的技巧
◇ 高级筛选
◇ 单项分类汇总
◇ 合并计算
◇ 修改源区域

本章案例文件

234

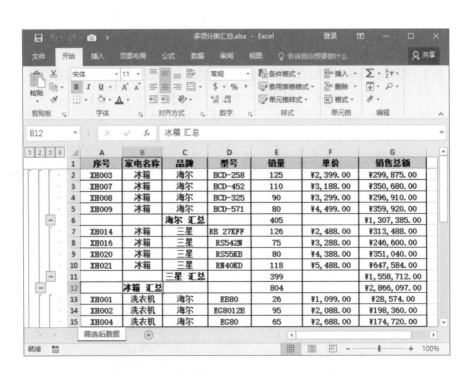

10.1 创建家电销售明细表

家电销售明细表记录家电市场各家电品牌各型号的销售情况，根据需要可以对表格中数据进行各种操作。在制作家电销售明细表过程中，将介绍排序和复选等基本操作。通过本节学习，用户可以对数据进行基本的管理分析。

10.1.1 排序数据

排序是对数据按照某种顺序排列，该功能在查看数据较多的表格时比较实用。排序的方式很多，如按行排序、升序、降序、按笔画等，对数据进行排序后便于浏览者理解。

(1) 简单排序

简单排序是对表格中某字段进行升序或降序方式排列。

下面对家电销售明细表中销售总额进行升序排序，具体操作步骤如下。

Step01：打开工作表，选中"销售总额"列任意单元格，切换至"数据"选项卡，单击"排序和筛选"选项组中的"升序"按钮。

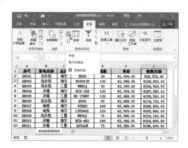

Step02：返回工作表中，可见销售总额按从小到大的顺序排列。

■ 技高一筹：右键菜单排序

选择需要排序列的任意单元格，单击鼠标右键，在快捷菜单中选择"排序 > 升序"命令即可排序。

(2) 多字段进行排序

在Excel中，用户可以根据需要对多个字段分别按不同的排序条件进行排序。按先设置的排序字段排序，若数据一样，再按后设置的排序字段进行排序。

在家电销售明细表中，先对产品品牌进行升序排序，然后再对销售数量进行降序排序，下面介绍具体操作方法。

Step01：打开工作表，选中表格内任意单元格，切换至"数据"选项卡，在"排序和筛选"选项组中单击"排序"按钮。

Step02：打开"排序"对话框，设置"主要关键字"为"品牌"、"排序依据"为"数值"、"次序"为"升序"，然后单击"添加条件"按钮。

235

Step03: 添加次要关键字的排序条件，根据要求设置排序条件，单击"确定"按钮。

Step04: 返回工作表中查看对工作表中的品牌进行升序排序，对销量进行降序排序的效果。

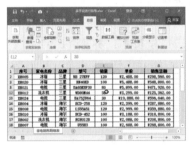

操作解惑：数字和文字的排序规则

本案例中对数字和文字进行排序，数字按升序排序，就是按从小到大的顺序排序。文字按笔画数进行排序，若笔画相同按起笔顺序排列，即横、竖、撇、捺、折；笔画数和笔形都相同的字，按字形结构排列，即先左右，再上下，最后整体结构。

(3) 自定义排序

用户可以创建自定义排序，按照自定义的序列对数据进行排序。

Step01: 打开工作表，选中表格内任意单元格，切换至"数据"选项卡，在"排序和筛选"选项组中单击"排序"按钮。

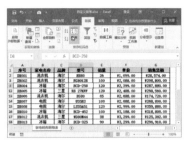

Step02: 打开"排序"对话框，单击"主要关键字"下三角按钮，选择"家电名称"选项，单击"次序"下三角按钮，选择"自定义序列"选项。

Step03: 打开"自定义序列"对话框，在"输入序列"文本框中输入自定义序列内容后，单击"添加"按钮。

技高一筹：打开"自定义序列"对话框的方法

打开工作表，单击"文件"标签，选择"选项"选项，打开"Excel选项"对话框，选择"高级"选项，在右侧面板中单击"编辑自定义列表"按钮，即可打开"自定义序列"对话框。

Step04: 这时可以看到"自定义序列"列表框中显示了输入的序列内容，单击"确定"按钮。

Step05: 在"排序"对话框中可以看到，"次序"的排序方式为我们刚刚设置的自定义顺序，单击"确定"按钮。

Step06: 返回工作表中，可以看到表格已经按设置的家电名称进行排列了。

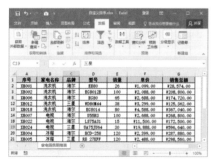

技高一筹：删除排序条件

若需要删除排序的条件，打开"排序"对话框，选择需要删除的排序条件，单击"删除条件"按钮即可。

（4）排序时序号不变

对数据进行排序时，序号没有排序的意义，如何让序号不参于排序呢？下面介绍具体操作方法。

Step01: 打开工作表，选中B1:G25单元格区域，切换至"数据"选项卡，在"排序和筛选"选项组中单击"排序"按钮。

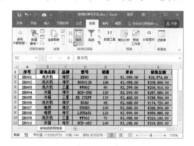

Step02: 打开"排序"对话框，设置排序条件，然后单击"确定"按钮。

Step03: 返回工作表中，A列的序号不变，品牌数据进行降序排序了。

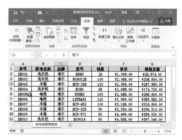

技高一筹：插入空白列法

在序号列的右侧插入空白列，选中需要排序列的任意单元格，单击"升序"或"降序"按钮，最后删除辅助的空白列即可。

237

10.1.2 筛选数据

筛选功能可以在复杂的数据中快速查找出符合条件的数据。在Excel中筛选分为自动筛选、自定义筛选和高级筛选几类,下面将分别详细介绍。

(1) 快速筛选

对于筛选条件比较简单的,使用筛选功能可以快速筛选出满足条件的数据,隐藏不符合条件的信息。

在家电销售明细表中筛选出品牌为"海尔"的家电信息,具体操作步骤如下。

Step01: 打开工作表,选中表格中任意单元格,切换至"数据"选项卡,单击"排序和筛选"选项组中的"筛选"按钮。

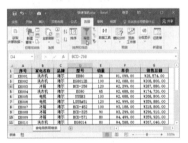

Step02: 工作表进入筛选模式,单击"品牌"右侧筛选按钮,在列表中取消勾选"全选"复选框,勾选"海尔"复选框,单击"确定"按钮。

■ 技高一筹:使用快捷键进入筛选模式
选中报表中的任意单元格,按下组合键Ctrl+Shift+L进入筛选模式。

Step03: 返回工作表中查看筛选出的海尔品牌所有家电的信息。

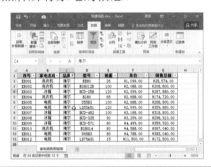

(2) 对数字进行筛选

对数字进行筛选的方式有很多,如等于、不等于、大于、小于、介于、前10项以及高于平均值等。

在家电销售明细表中,筛选出销售总额最多的5种家电信息,下面介绍具体操作方法。

Step01: 打开工作表,进入筛选模式,单击"销量"右侧筛选按钮,在列表中选择"数字筛选>前10项"选项。

Step02: 打开"自动筛选前10个"对话框,在中间数值框中输入5,单击"确定"按钮。

Step03: 返回工作表中, 筛选出销量最多的5种产品信息。

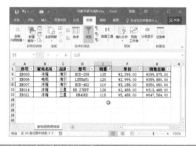

(3) 对文本进行筛选

用户对文本进行筛选时可以使用通配符进行模糊筛选。

在家电销售明细表中, 筛选出产品型号包括"UA"的电视, 下面介绍具体的筛选操作方法。

Step01: 打开工作表, 选中表格内任意单元格, 切换至"数据"选项卡, 单击"排序和筛选"选项组中的"筛选"按钮。

Step02: 表格进入筛选模式, 单击"型号"右侧筛选按钮, 在列表中选择"文本筛选>等于"选项。

Step03: 打开"自定义自动筛选方式"对话框, 在"等于"右侧文本框中输入"UA*", 单击"确定"按钮。

Step04: 返回工作表中, 查看筛选的结果。

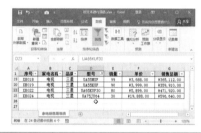

(4) 对日期进行筛选

对日期进行筛选时, 筛选条件很多, 按天、周、月、季度和年设置筛选条件, 如等于、之前、明天、今天、下周、本周、上周等。

企业对员工发放生日福利, 在员工信息表中查看5月份出生的员工, 下面介绍使用筛选功能筛选出符合条件的员工信息的方法。

Step01: 打开工作表, 选中表格中任意单元格, 切换至"数据"选项卡, 在"排序和筛选"选项组中单击"筛选"按钮。

239

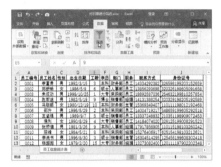

Step02: 工作表进入筛选模式,单击"出生日期"筛选按钮,在列表中选择"文本筛选 > 期间所有日期 > 五月"选项。

Step03: 返回工作表中,查看筛选出的5月出生的员工信息。

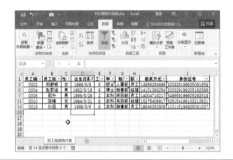

(5) 按颜色进行筛选

使用筛选功能不仅可以对数字、文本和日期进行操作,还可以对单元格的格式进行筛选。

在家电销售明细表中筛选出单元格底纹为红色的信息,具体操作步骤如下。

Step01: 打开工作表,为单元格添加底纹颜色,然后按Ctrl+Shift+L组合键进入筛选模式。

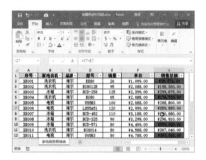

Step02: 单击"销售总额"右侧筛选按钮,在列表中选择"按颜色筛选"选项,在子列表中选择颜色。

Step03: 返回工作表中,可见筛选出红色底纹的信息。

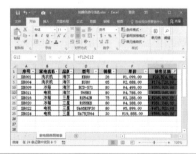

(6) 高级筛选的"与"关系

当数据的筛选条件比较多时,可以使用高级筛选来实现。高级筛选中的"与"关系表示同时满足全部条件。

在家电销售明细表中, 筛选海尔品牌销售金额大于 **350000** 的产品信息, 下面介绍具体操作方法。

Step01: 打开工作表, 在 **A27:G28** 单元格区域输入筛选的条件, 把所有的条件输入在一行, 表示各条件之间是 "与" 关系。

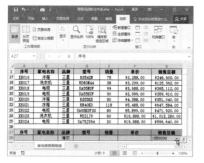

Step02: 选中工作表中任意单元格, 切换至 "数据" 选项卡, 单击 "排序和筛选" 选项组中的 "高级" 按钮。

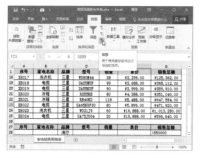

Step03: 打开 "高级筛选" 对话框, 保持默认状态, 单击 "条件区域" 折叠按钮。

Step04: 返回工作表中, 选中条件区域 **A27:G28** 单元格区域, 单击折叠按钮。

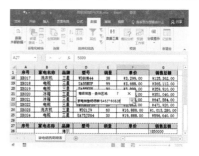

Step05: 返回 "高级筛选" 对话框, 单击 "确定" 按钮, 查看筛选后的信息。

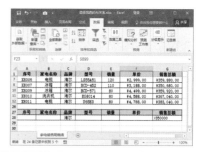

(7) 高级筛选的 "或" 关系

"或" 关系表示只需要满足多条件中一个条件即可。筛选出品牌为海尔或销售金额大于 **350000** 的产品信息, 下面介绍具体操作方法。

Step01: 打开工作表, 在 **A27:G29** 单元格区域中输入条件, 在不同的行输入表示关系为 "或" 关系。

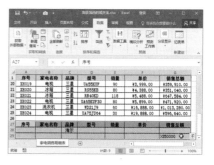

241

Step02: 单击"排序和筛选"选项组中的"高级"按钮,打开"高级筛选"对话框,选择条件区域,单击"确定"按钮。

Step03: 返回工作表中,查看高级筛选"或"关系的筛选结果。

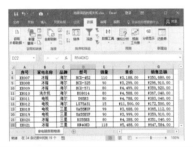

(8) 使用高级筛选删除重复值

在输入数据时,难免会输入重复的数据,用户可以使用高级筛选功能删除重复值,下面介绍具体操作方法。

Step01: 打开工作簿,切换至"筛选后数据"工作表,单击"排序和筛选"选项组中的"高级"按钮。

Step02: 打开"高级筛选"对话框,选中"将筛选结果复制到其他位置"单选按钮,单击"列表区域"折叠按钮。

Step03: 切换至"家电销售明细表"工作表,选择A1:G27单元格区域,单击折叠按钮。

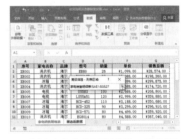

Step04: 返回"高级筛选"对话框,单击"复制到"折叠按钮,选择"筛选后数据"工作表的A1单元格,勾选"选择不重复的记录"复选框,然后单击"确定"按钮。可见筛选的结果少了2条信息,表示删除了2条重复值。

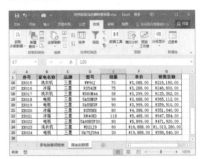

10.2 分析销售统计表

统计各产品的销售情况后用户可以进一步分析数据,如对产品进行分类统计,或是将多张工作表进行合并计算。本节通过分析销售统计表介绍分类汇总和合并计算的相关知识,通过学习本节,用户可以熟练分析并管理数据。

10.2.1 分类汇总数据

分类汇总是指对报表中的数据进行分类计算,并在数据区域插入行显示计算的结果。分类汇总提供求和、最大值、最小值和平均值等11种常用函数,默认情况下是求和函数。

(1) 单项分类汇总

单项分类汇总就是对某类数据进行汇总求和等操作时,按照某一类别进行分类。

在家电销售明细表中按照家电名称对销售总额进行汇总,下面介绍具体方法。

Step01: 打开工作表,选中"家电名称"列任意单元格,切换至"数据"选项卡,单击"排序和筛选"选项组中的"升序"按钮。

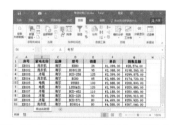

Step02: 单击"分级显示"选项组中的"分类汇总"按钮。

Step03: 打开"分类汇总"对话框,在"分类字段"列表中选择"家电名称"选项,勾选"销售总额"复选框,单击"确定"按钮。

Step04: 返回工作表中,查看分类汇总后的结果,单击左侧展开按钮,可以展开或收缩数据。

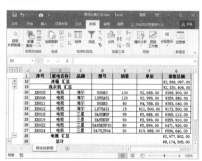

243

■ 操作解析：分类汇总注意事项

在执行分类汇总操作之前必须对汇总的字段进行排序，如升序、降序等。

(2) 多项分类汇总

在处理复杂的数据时，可以在分类汇总的基础上按其他字段进行分类汇总，并且不覆盖之前的分类汇总结果。

在家电销售明细表中，先按"家电名称"进行分类汇总，然后再按"品牌"分类汇总，具体操作方法如下。

Step01： 打开工作表，选中表格内任意单元格，切换至"数据"选项卡，单击"排序和筛选"选项组中的"排序"按钮。

Step02： 打开"排序"对话框，设置"主要关键字"为"家电名称"，排序方式为升序；设置"次要关键字"为"品牌"，排序方式为降序，单击"确定"按钮。

■ 操作解惑：关于分类汇总的多条件排序

在设置多条件排序的条件时，设置排序条件的先后顺序必须和汇总数据的类别顺序一致。

Step03： 排序后，单击"数据"选项卡下"分级显示"选项组中的"分类汇总"按钮。

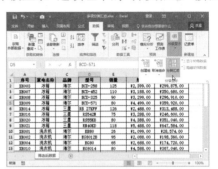

Step04： 打开"分类汇总"对话框，设置"分类字段"为"家电名称"，和设置排序的主要关键字一致，单击"确定"按钮。

Step05： 返回工作表中可见已经创建分类汇总，再次单击"分级显示"选项组中的"分类汇总"按钮。

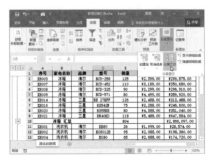

Step06: 在打开的"分类汇总"对话框中，对"品牌"字段进行分类汇总设置，并取消勾选"替换当前分类汇总"复选框。

> 操作提示：替换当前分类汇总的含义
>
> 在"分类汇总"对话框中，若取消勾选"替换当前分类汇总"复选框，则Excel将在已有的分类汇总的基础上再创建一个分类汇总；若勾选"替换当前分类汇总"复选框，则本次的汇总结果将会覆盖上一次的分类汇总结果。

Step07: 单击"确定"按钮，可以看到工作表按家电名称进行分类汇总，然后按品牌也进行分类汇总。

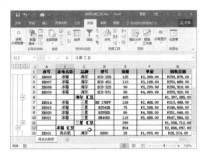

(3) 复制分类汇总的结果

对数据进行分类汇总后，用户若将汇总的结果直接复制，则会复制所有的数据信息，如何才能只复制分类汇总的结果呢？下面介绍具体操作方法。

Step01: 打开工作表，单击数字"3"按钮，显示汇总数据，然后选中分类汇总的结果。

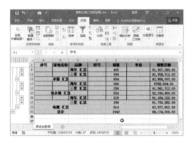

Step02: 在"开始"选项卡下的"编辑"选项组中单击"查找和选择"下三角按钮，在下拉列表中选择"定位条件"选项。

Step03: 打开"定位条件"对话框，选择"可见单元格"单选按钮，然后单击"确定"按钮。

Step04：此时所选的单元格区域中各单元格周围出现虚线边框，按**Ctrl+C**组合键复制选中的区域。

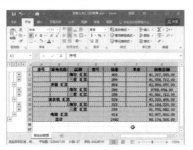

Step05：选择需要粘贴的位置，按**Ctrl+V**组合键进行粘贴，然后对复制的内容调整合适的列宽。

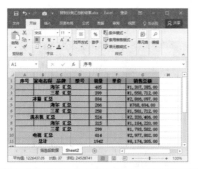

（4）清除分级显示

用户可将分类汇总的分级显示清除，但不影响汇总数据，下面介绍具体方法。

Step01：打开工作表，单击"分级显示"选项组中的"取消组合"下三角按钮，选择"清除分级显示"选项。

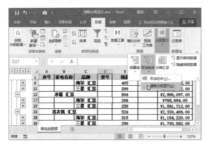

Step02：返回工作表，可见清除分级显示后的效果。

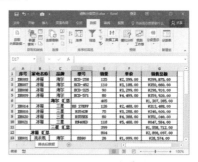

Step03：若需要重新进行分级显示，则需要单击"分级显示"选项组的对话框启动器按钮。

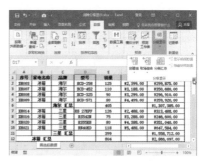

Step04：在打开的"设置"对话框中单击"创建"按钮即可。

■ **技高一筹：隐藏分级显示**

单击"文件"标签，选择"选项"选项，打开"Excel选项"对话框，在"高级"选项区域中，取消勾选"如果应用了分级显示，则显示分级显示符号"复选框即可。

（5）删除分类汇总

用户在使用分类汇总分析数据后，可以将其删除，下面介绍具体操作方法。

Step01：打开工作表，选中表格内任意单元格，切换至"数据"选项卡，单击"分级显示"选项组中的"分类汇总"按钮。

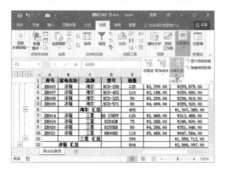

Step02：在打开的"分类汇总"对话框中，单击"全部删除"按钮。

Step03：弹出提示对话框，单击"确定"按钮删除整个分类汇总。

（6）将分类汇总结果分组打印

用户可以将分类汇总的结果分组打印以方便查看，下面介绍具体操作步骤。

Step01：打开工作表，打开"分类汇总"对话框，勾选"每组数据分页"复选框，单击"确定"按钮。

Step02：返回工作表中，可见汇总数据下方都有实线分开，执行"打印"操作。

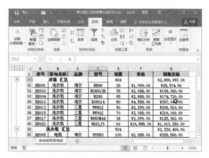

Step03：在打印预览页面可见分类的每组分别打印在不同的页面上。

10.2.2 合并计算数据

当需要将多个数据源区域合并或汇总时,可以使用合并计算功能。数据源区域可以是同一工作表中的不同表格,可以是同一工作簿中的不同工作表,也可以是不同工作簿中的表格,但操作方法都是一样的。

(1) 按类别合并计算

某公司按季度统计各品牌产品的销量和销售总额,年终时将四个表合并在一张工作表中。4个表格的结构一样,产品的排序不同,现在介绍使用合并计算功能快速汇总4个表格的方法。

Step01:打开工作表,选择A1单元格区域,切换至"数据"选项卡,单击"数据工具"选项组中的"合并计算"按钮。

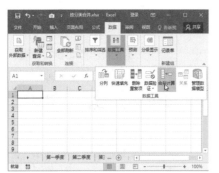

Step02:打开"合并计算"对话框,保持各选项为默认状态,单击"引用位置"右侧折叠按钮。

Step03:返回工作簿中,切换至"第一季度"工作表,选中A1:C7单元格。

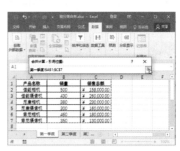

Step04:返回"合并计算"对话框,在"引用位置"文本框中显示选择的区域,单击"添加"按钮,即可添加至"所有引用位置"区域。

Step05:按照相同的方法添加其他3个季度的引用区域,勾选"首行"和"最左列"复选框,然后单击"确定"按钮。

Step06: 返回工作表中,可见将4个表相关的数据合并在了一起。

■ 操作解惑:"首行"和"最左列"的意义

在步骤5中勾选"首行"和"最左列"复选框,会根据表格的首行和最左列的相同字段对相应的数据进行求和。若不勾选该复选框,只把相同位置的数据进行组合,容易计算出错误的结果。

(2) 更改合并计算的函数

使用合并计算汇总数据时,默认的函数为求和函数,其中还包含计数、平均值、最大值等,下面介绍具体操作方法。

Step01: 打开工作表,选择A1单元格区域,切换至"数据"选项卡,单击"数据工具"选项组中的"合并计算"按钮。

Step02: 打开"合并计算"对话框,单击"函数"下三角按钮,在列表中选择"平均值"选项,添加需要合并的区域,然后单击"确定"按钮。

Step03: 返回工作表中,可见合并了各产品的平均值,表格左侧出现分级,可以将数据展开查看详细情况。

(3) 修改源区域

若引用的源区域发生了变化,用户可以修改源区域,下面介绍具体操作方法。

Step01: 打开工作表,单击"数据工具"选项组中的"合并计算"按钮。

249

Part 2 Excel 办公应用

Step02: 打开"合并计算"对话框,在"所有引用位置"区域中选择需要修改的引用区域,单击"引用位置"后面的折叠按钮。

Step03: 返回工作表中,重新选择需要修改的引用区域,单击折叠按钮,单击"确定"按钮,即可修改引用区域。

■ **技高一筹:自动更新源区域**

若源区域数据发生变化,合并计算的数据自动更新。首先打开"合并计算"对话框,添加引用区域后,再勾选"创建指向源数据的链接"复选框即可。

(4) 删除引用区域

合并计算后,若不需要某引用的区域,用户可以将该区域删除,下面介绍具体的操作方法。

Step01: 打开需要删除引用区域的工作表,切换至"数据"选项卡,单击"数据工

具"选项组中的"合并计算"按钮。

Step02: 打开"合并计算"对话框,在"所有引用位置"区域中选择需要删除的引用区域,单击"删除"按钮。

Step03: 单击"确定"按钮,返回工作表中,可见合并计算的数据已发生了相应的变化。

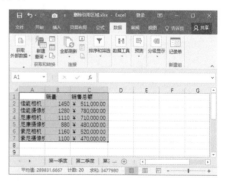

知识大放送

如何按照单元格的底纹颜色进行排序?

打开工作表,选中表格内任意单元格,打开"排序"对话框,在"主要关键字"列表中选择"销售总额"选项,设置"排序依据"为"单元格颜色",单击"次序"下三角按钮,选择颜色,然后单击"添加条件"按钮,如下左图所示。

按照相同的方法继续设置其他颜色的排序,最后设置无底纹颜色的排序方式为升序,单击"确定"按钮,如下右图所示。

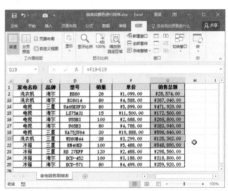

如何在受保护的工作表中进行筛选?

打开工作表,进入筛选模式,切换至"审阅"选项卡,单击"更改"选项组中的"保护工作表"按钮,打开"保护工作表"对话框,在"允许此工作表的所有用户进行"区域勾选"使用自动筛选"复选框,并输入密码"2017",如下左图所示。

单击"确定"按钮,确认密码,返回工作表中,单击"品牌"筛选按钮,可见筛选功能为可用状态,执行筛选操作即可,如下右图所示。

Part 2 Excel 办公应用

Chapter 11 数据的安全共享

本章概述

制作完Excel工作表后,重要的文件需要打印存档,有些文件需要打印出来供传阅和交流,也可以将工作表共享供多人同时传阅。本章主要介绍共享和打印的相关内容,如创建共享工作簿、在局域网中共享工作簿、打印的基本设置以及添加打印元素等。

要点难点

◇ 工作簿的安全设置
◇ 创建共享工作簿
◇ 设置页边距
◇ 打印表格标题
◇ 设置奇偶页不同页码
◇ 打印公司名称

本章案例文件

252

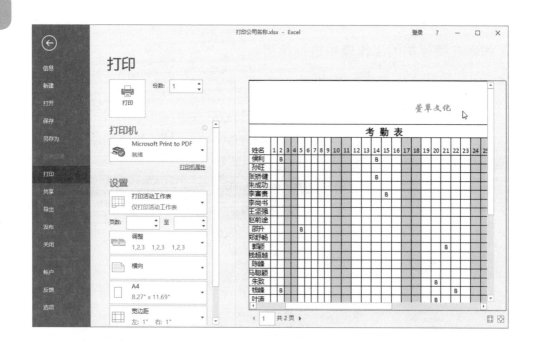

11.1 制作客户信息统计表

客户信息统计表制作完成后,用户可以将其共享以便同部门员工查看。本节主要介绍数据的安全和共享的相关知识,如创建共享工作簿、在局域网中共享工作簿以及设置安全信任中心等。

11.1.1 数据的安全设置

数据的安全主要在"信任中心"对话框中设置,如设置外部数据安全选项、文档信任区域和宏安全性等。下面将详细介绍具体设置方法。

(1) 以受保护视图打开不安全文档

受保护视图模式主要用于打开可能包含病毒或其他任何不安全因素的工作簿,它是一种保护性措施。

Step01: 打开工作表,单击"文件"标签,选择"选项"选项。

Step02: 打开"Excel选项"对话框,选择"信任中心"选项,单击"信任中心设置"按钮。

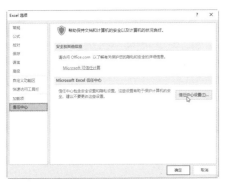

Step03: 打开"信任中心"对话框,选择"受保护的视图"选项,在右侧勾选相关复选框设置受保护的范围,单击"确定"按钮。

(2) 设置宏安全性

使用宏功能让工作很便利,但也可能带来病毒,用户可以先设置宏安全。

Step01: 打开工作表,打开"Excel选项"对话框,单击"信任中心设置"按钮。

Step02: 打开"信任中心"对话框,选择"宏设置"选项,在右侧"宏设置"区域中选择相应的单选按钮,单击"确定"。

(3) 外部数据安全选项

从有潜在危险的外部源中连接数据，用户可以设置安全选项。

Step01：打开工作表，打开"Excel选项"对话框，单击"信任中心设置"按钮。

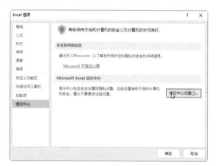

Step02：打开"信任中心"对话框，选择"外部内容"选项，在右侧"数据连接的安全设置"区域中选择相应的单选按钮，单击"确定"按钮。

(4) 设置文档信任区域

将Excel文档存储在受信任区域后，

再次打开该文档时，信任中心安全功能就不会检查该文件。下面介绍具体方法。

Step01：打开工作表，打开"Excel选项"对话框，单击"信任中心设置"按钮。

Step02：打开"信任中心"对话框，切换至"受信任位置"选项区域，选择需要修改的路径，单击"修改"按钮。

Step03：打开"Microsoft Office受信任位置"对话框，单击"浏览"按钮重新设置路径，设置完成后，单击"确定"按钮即可。

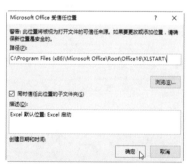

11.1.2 共享工作簿设置

Excel提供了工作簿的共享功能,使得多个用户可以同时查看和编辑同一个工作簿,给我们办公带来了便利。下面介绍共享工作簿和在局域网中共享的设置方法。

(1) 创建共享工作簿

为工作簿创建共享后,可以多人同时查看该工作簿,不仅提高工作效率,还达到有效沟通的目的,下面介绍具体操作方法。

Step01: 打开需要共享的工作簿,切换至"审阅"选项卡,单击"更改"选项组中的"共享工作簿"按钮。

Step02: 打开"共享工作簿"对话框,勾选"允许多用户同时编辑,同时允许工作簿合并"复选框,在"高级"选项卡,设置自动更新间隔时间,单击"确定"按钮。

Step03: 打开系统提示对话框,单击"确定"按钮,在工作簿名称后显示共享字样,表明该工作簿处于共享状态。

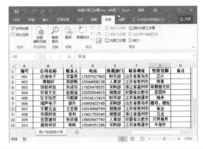

(2) 取消共享工作簿

若需要取消共享工作簿,要先确保所有用户都已经完成了他们的工作,避免未保存的数据丢失,下面介绍具体操作方法。

Step01: 打开工作表,切换至"审阅"选项卡,单击"更改"选项组中的"共享工作簿"按钮。

■ 技高一筹:显示更新的用户名

在"Excel选项"对话框中设置新的用户名后,需要重新启动Excel,在"共享工作簿"对话框中才会显示更新的用户名。

Step02: 打开"共享工作簿"对话框,取消勾选"允许多用户同时编辑,同时允许

255

工作簿合并"复选框,然后单击"确定"按钮。

Step03: 在打开的提示对话框中单击"是"按钮,即可取消工作簿的共享。

(3) 在局域网中共享工作簿

在局域网中共享工作簿,首先要创建共享文件夹,然后将需要共享的工作簿移至该文件夹中即可。

Step01: 选中需要共享的文件夹,单击鼠标右键,在快捷菜单中选择"共享>特定用户"命令。

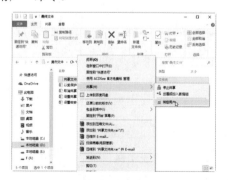

Step02: 打开"文件共享"对话框,单击用户名右侧下三角按钮,选择"Everyone",单击"添加"按钮,设置用户的访问权限。

Step03: 单击"共享"按钮,返回"文件共享"对话框,单击"完成"按钮即可完成共享设置。

Step04: 打开"网络"对话框,双击对应的共享电脑名称,即可看到设置的共享文件夹,打开文件夹即可查看共享的数据。

11.2 制作考勤表

考勤表是用人单位对员工出勤情况的统计。本节主要介绍工作表打印的相关内容，如打印标题、打印时添加页眉页脚、设置奇偶页不同的页码等。

11.2.1 打印设置

在打印工作表之前用户可以进行相关打印设置，如设置页边距、打印标题，设置纸张的方向等，下面将详细介绍各种设置方法。

(1) 设置页边距

如果打印表格时超出打印的范围，用户可以通过设置页边距使表格完整地打印在页面上，下面介绍具体方法。

Step01: 打开工作表，单击"文件"标签，选择"打印"选项，在右侧预览区域可见工作表将打印在两页。

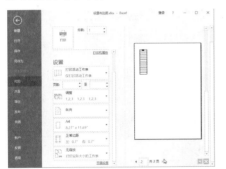

Step02: 返回工作表，切换至"页面布局"选项卡，单击"页面设置"选项组中的"页边距"下三角按钮，选择"窄"选项。

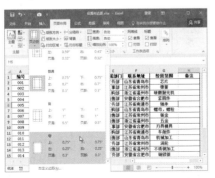

Step03: 进入打印页面，可见工作表打印在同一页面。

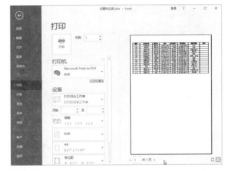

(2) 设置纸张打印方向

若工作表比较宽时，除了设置页边距外，还可以通过设置纸张打印方向使数据打印在同一页面，下面介绍具体方法。

Step01: 打开工作表，进入打印页面，在右侧预览区域可见工作表将打印在两页。

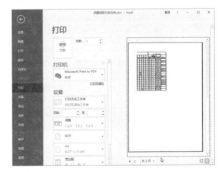

Step02: 单击"设置"区域纸张方向下三角按钮，在列表中选择"横向"选项。

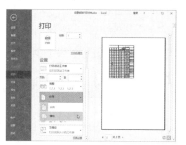

Step03: 进入打印页面，可见工作表打印在同一页面。

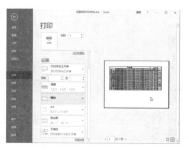

(3) 每页都打印标题

当表格的行数比较多，打印在多页上时，只有第一页有表头，查看其他页时很不方便，这时可以将每页都带表头打印出来，下面介绍具体方法。

Step01: 打开工作表，切换至"页面布局"选项卡，单击"页面设置"选项组的对话框启动器按钮。

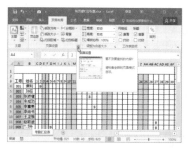

Step02: 打开"页面设置"对话框，单击"工作表"选项卡中的"顶端标题行"折叠按钮。

Step03: 返回工作表中，选中标题的前3行，单击折叠按钮。

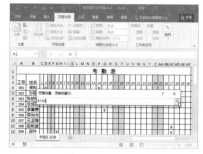

Step04: 返回上级对话框中单击"确定"按钮，进入打印页面，在预览区域可见其他页面也包含标题。

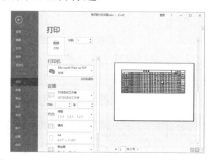

技高一筹：打印指定区域

选择需要打印的单元格区域，切换至"页面布局"选项卡，单击"页面设置"选项组中的"打印区域"下三角按钮，选择"设置打印区域"选项，进入打印页面，可见只打印选定的单元格区域。

11.2.2 添加打印元素

为了使打印的表格更专业、美观,用户可以为其添加元素。打印元素主要在页眉和页脚中添加,下面介绍具体操作方法。

(1) 打印公司名称

打印报表时将公司名称一并打印出来,可以使报表很商业化、专业化,下面介绍具体操作方法。

Step01:打开工作表,切换至"页面布局"选项卡,单击"页面设置"选项组的对话框启动器按钮。

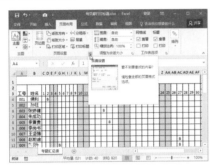

Step02:弹出"页面设置"对话框,切换至"页眉/页脚"选项卡,单击"自定义页眉"按钮。

Step03:打开"页眉"对话框,将光标定位在"中"区域内输入公司名称,然后选中名称,单击"格式文本"按钮。

Step04:打开"字体"对话框,设置字体格式,单击"确定"按钮。

Step05:返回"页面设置"对话框,单击"打印预览"按钮,进入"打印"页面,查看打印效果。

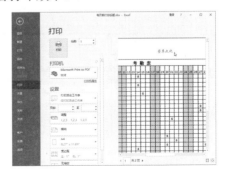

Part 2 Excel 办公应用

(2) 设置奇偶页不同的页码

在设置打印报表的页码时，可以根据需要设置奇偶页不同的页码，下面介绍具体方法。

Step01: 打开工作表，打开"页面设置"对话框，切换至"页眉/页脚"选项卡，勾选"奇偶页不同"复选框，单击"自定义页脚"按钮。

Step02: 打开"页脚"对话框，在"奇数页页脚"选项卡中，将光标定位在"左"区域，单击"插入页码"按钮。

Step03: 切换至"偶数页页脚"选项卡中，将光标定位在"右"区域，单击"插入页码"按钮，然后单击"确定"按钮。

Step04: 返回"页面设置"对话框，单击"打印预览"按钮，进入"打印"页面，可见奇数页的页码在左边，偶数页的页码在右边。

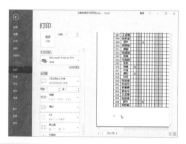

(3) 插入打印日期

为了体现工作表的时效性，可以在页眉中添加日期，下面介绍具体的方法。

Step01: 打开工作表，单击状态栏中的"页面布局"按钮，工作表进入页面布局视图，选中页眉的左侧区域，切换至"页眉和页脚工具–设计"选项卡，单击"页眉和页脚元素"选项组中的"当前日期"按钮。

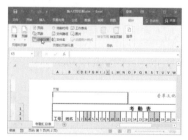

Step02: 切换为普通视图，进入"打印"页面，可见在页眉左侧插入了日期。

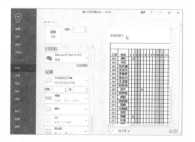

知识大放送

❓ 如何一次打印多个工作表？

打开工作簿后，按 **Ctrl** 键，选中需要打印的工作表，如选中"考勤汇总表"和"员工工资表"两张工作表，如下左图所示。

单击"文件"标签，选择"打印"选项，单击"设置"下三角按钮，在下拉列表中选择"打印活动工作表"选项，在打印预览区域显示两张工作表需要打印，如下右图所示。

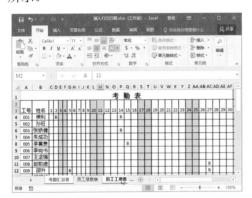 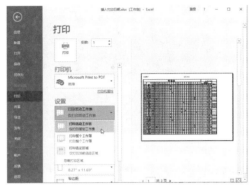

❓ 如何打印工作表的行号和列标？

打开工作表，切换至"页面布局"选项卡，单击"页面设置"选项组的对话框启动器按钮，打开"页面设置"对话框，切换至"工作表"选项卡，在"打印"区域勾选"行号列标"复选框，单击"确定"按钮，如下左图所示。

返回工作表中，进入"打印"页面，可见工作表的行号和列标打印出来了，如下右图所示。

 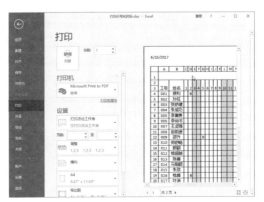

Part 2　Excel 办公应用

Q? 如何将工作表分页打印？

A 打开工作表，选中需要分页的单元格，单击"页面设置"选项组中的"分隔符"下三角按钮，在下拉列表中选择"插入分页符"选项。设置完成后，进入"打印"页面，可见以选中单元格的左上角为界，工作表被分为4个部分，并分别打印在不同的页面上。

Excel 2016

PowerPoint 办公应用

3

PowerPoint 2016 是应用非常广泛的演示软件，在商业展示、方案演示、授课教学等方面，都具有强大的功能。PowerPoint 2016 以更加人性化的界面，提供了幻灯片的制作设计、动画、演示等功能。本章将以常见的幻灯片为例，介绍幻灯片的基础操作、美化设计和动画设计等知识。

Part

3

Chapter 12 演示文稿的基础操作

本章概述

PowerPoint在商业领域、教学领域应用很广泛。用PowerPoint创建的演示文稿多彩生动、图文并茂，很容易吸引浏览者，所以它是企业宣传、产品介绍、培训以及教学的有利工具。本章将以案例的形式介绍演示文稿和幻灯片的基本操作，如创建演示文稿、设置演示文稿的背景和主题、幻灯片的编辑以及母版幻灯片的制作。

要点难点

◇ 创建演示文稿
◇ 应用主题
◇ 设置演示文稿的背景
◇ 新建幻灯片
◇ 设置幻灯片的版式和视图
◇ 母版的创建
◇ 设置占位符

本章案例文件

12.1 制作个人年度总结报告演示文稿

员工的个人年度总结报告既是对一年工作的总结回顾，更是展示成果、总结不足、找准方向的手段。个人年度总结报告一般要包含工作总结、存在问题、原因分析、改进措施和明年计划几部分，当然，用户可以根据实际情况增减部分内容。本节我们将从空白文档入手，制作一个完整的个人年度总结报告。

12.1.1 创建并保存演示文稿

制作演示文稿要从创建演示文稿开始，一般可以创建空白演示文稿，也可以直接利用PowerPoint提供的模板进行创建。这里，我们先掌握创建空白演示文稿的方法。

(1) 启动软件创建

跟Word和Excel启动方式类似，启动PowerPoint 2016后，软件自动进入"新建"界面，在此打开空白演示文稿。下面介绍具体操作方法。

Step01：单击桌面左下角的开始按钮，在打开的列表中选择PowerPoint 2016选项。

■ 技高一筹：其他打开PowerPoint方法

除了"开始"菜单打开之外，还可以双击桌面上PowerPoint快捷方式图标，或者在需要的位置右击，选择"新建>PowerPoint 2016演示文稿"命令，然后双击新建的文稿即可。

Step02：打开PowerPoint软件后，自动进入"新建"面板中，选择"空白演示文稿"选项。

Step03：即可新建一个命名为"演示文稿1"的空白演示文稿。

(2) 利用快速访问工具栏创建

用户可以将"新建"按钮添加到快速访问工具栏中，之后直接单击该按钮创建文档，下面介绍具体操作方法。

PowerPoint 2016

Step01：在已经打开的**PowerPoint**演示文稿中，单击快速访问工具栏中的"自定义快速访问工具栏"按钮，在打开的下拉列表中选择"新建"选项。

Step02：单击快速访问工具栏中的"新建文档"按钮，即可新建空白演示文稿。

■ 技高一筹：添加命令到快速访问工具栏

在"自定义快速访问工具栏"下拉列表中包含的命令均可添加到快速访问工具栏中，勾选表示添加到工具栏中，取消勾选表示从工具栏中删除。

(3) 保存演示文稿

创建演示文稿后，需要保存在电脑中以方便以后使用。在保存文稿时，可以设置文稿的名称和路径，下面介绍具体操作方法。

Step01：打开创建的空白演示文稿，单击"文件"标签，选择"保存"选项，双击"这台电脑"图标。

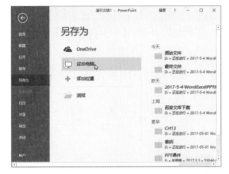

Step02：打开"另存为"对话框，选择保存的路径，在"文件名"文本框中输入演示文稿的名称，单击"保存"按钮。

Step03：返回演示文稿中，可见标题已经更改为"个人年度总结报告演示文稿"。

■ 技高一筹：快速工具栏保存文稿

单击快速访问工具栏中的"保存"按钮，打开"另存为"界面，设置保存文稿即可。

267

Part 3 PowerPoint 办公应用

(4) 根据模板创建演示文稿

在PowerPoint中内置有许多演示文稿的模板,用户可以直接使用,也可以联机搜索并下载,下面介绍具体操作方法。

Step01: 打开演示文稿,执行"文件>新建"操作,在右侧界面中选择"离子会议室"选项。

Step02: 在打开的面板中选择合适的样式,单击"创建"按钮。

Step03: 创建名为"演示文稿1"带有模板的演示文稿。

Step04: 执行"文件>另存为"操作,在"另存为"界面中保存演示文稿,查看保存的效果。

Step05: 联机搜索演示文稿的模板,进入"新建"界面,可以直接单击建议搜索的关键字,也可在搜索文本框中输入关键字,单击"开始搜索"按钮。

Step06: 在搜索结果中选中需要的模板并单击,在打开的面板中单击"创建"按钮。

Step07: 返回演示文稿中,查看应用搜索模板的效果。

PowerPoint 2016

12.1.2 应用内置主题

创建空白演示文稿后，一般很少直接采用空白的幻灯片效果，需要进一步美化幻灯片。美化幻灯片的方法有很多，这里首先介绍最便捷的一种方式，即应用PowerPoint的内置主题。

(1) 应用主题

"主题"类似于一套格式的集合，应用某种主题后，即相当于采用了一套格式，包括背景、字体、颜色等格式。

Step01：打开空白演示文稿后，切换至"设计"选项卡，单击"主题"选项组中的"其他"按钮。

■ 技高一筹：设置幻灯片大小

在"设计"选项卡的"自定义"组中，单击"幻灯片大小"按钮，在下拉列表中可选择幻灯片的尺寸规格。

Step02：在主题列表中选择需要的主题样式即可直接应用到整个幻灯片中。

■ 技高一筹：应用主题到选定幻灯片

右击主题，选择"应用于选定幻灯片"命令，可以将主题只应用于选中的幻灯片。

Step03：返回演示文稿中，即可将选中主题应用至幻灯片上，新建幻灯片时自动套用该主题。

(2) 修改主题

演示文稿应用主题后，用户可以进一步设置主题的颜色、字体和效果，下面介绍具体的操作方法。

Step01：打开应用主题的演示文稿，切换至"设计"选项卡，单击"变体"选项组中的"其他"按钮，选择"颜色"选项，在下拉列表中选择颜色。

269

■ 操作解惑：自定义颜色方案

若内置的颜色方案都不合适，在"颜色"列表中选择"自定义颜色"选项，弹出"新建主题颜色"对话框，在此可以自定义一个颜色方案，最后单击"保存"按钮。

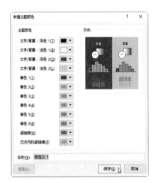

Step02: 设置字体，单击"设计"选项卡"变体"选项组中的"其他"按钮，选择"字体"下拉列表中的其他字体方案。

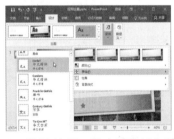

Step03: 设置效果，单击"设计"选项卡"变体"选项组中的"其他"按钮，选择"效果"下拉列表中的其他方案。

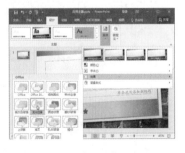

■ 操作解惑：自定义字体方案

若内置的字体方案都不合适，用户可以选择"自定义字体"选项，弹出"新建主题字体"对话框，在此可以自定义字体方案。

Step04: 设置背景样式，切换至"设计"选项卡，单击"变体"选项组中的"其他"按钮，选择"背景设计"选项，在下拉列表中选择其他方案。

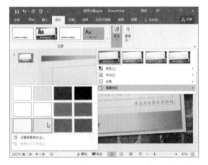

Step05: 设置完成后，可见演示文稿的主题根据用户需要被修改了。

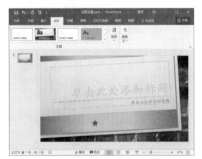

PowerPoint 2016

12.1.3 自定义幻灯片背景

创建空白演示文稿后,可以应用 PowerPoint 的内置主题,也可以自定义幻灯片背景。应用了内置主题后,若对背景不满意,同样可以更改背景。

(1) 设置纯色背景

纯色背景是最简洁的背景,在设计时,注意不要让纯色背景影响到正文内容的表现,添加纯色背景方法如下。

Step01: 打开演示文稿,切换至"设计"选项卡,单击"自定义"选项组中的"设置背景格式"按钮。

Step02: 打开"设置背景格式"导航窗格,在"填充"选项区域中选中"纯色填充"单选按钮。

Step03: 单击下方的"填充颜色"图标按钮,在下拉颜色面板中选择需要的颜色,在"透明度"数值框中输入"30%",然后单击"全部应用"按钮。

技高一筹:自定义颜色或拾取颜色

在步骤3中,若在面板中未找到满意的颜色,可以选择"其他颜色"或"取色器"选项,从而自定义或直接拾取颜色。

Step04: 选择背景颜色后,幻灯片即更换背景,效果如下。

(2) 设置渐变背景

纯色背景相对比较单调,而渐变背景具有更强的变化效果,是很常用的一种背景。

Step01: 切换至"设计"选项卡,单击"自定义"选项组中的"设置背景格式"按钮。打开"设置背景格式"窗格,选中"渐变填充"单选按钮。

271

Step02: 下方即显示渐变填充的相关设置选项，单击"预设渐变"下三角按钮，在弹出的列表中可以选择预设的渐变效果。

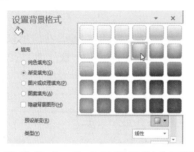

■ 操作解惑：先应用预设渐变再进行修改

为了提高工作效率，我们可以先在预设渐变中找到比较接近于我们需要的渐变效果，然后再对这一预设效果进行微调。

Step03: 单击"类型"下三角按钮，在下拉列表中选择需要的渐变类型。

■ 操作解惑：尝试不同渐变类型

读者朋友可以在此步骤选择不同渐变类型，在幻灯片中查看各渐变类型的效果。

Step04: 单击"方向"下三角按钮，在下拉列表中选择需要的渐变方向，此处选择从左上到右下渐变。

Step05: 在"渐变光圈"选项中，单击"添加渐变光圈"或"删除渐变光圈"按钮，可以添加或者删除渐变光圈。拖动光圈的位置可调整颜色变化的节奏。

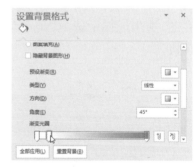

■ 技高一筹：调整光圈颜色

单击选中一个光圈后，在下方"颜色"下拉面板中可以调整此光圈的颜色。

Step06: 单击"颜色"下三角按钮，在列表中选择"浅蓝色"，单击"全部应用"按钮，关闭导航窗格，返回演示文稿中，查看设置渐变填充的效果。

PowerPoint 2016

(3) 应用图片作为背景

用户可以将喜欢的图片当作演示文稿的背景,下面介绍具体操作方法。

Step01: 打开演示文稿,切换至"设计"选项卡,单击"自定义"选项组中的"设置背景格式"按钮,在打开的任务窗格中,选中"图片或纹理填充"单选按钮。

Step02: 在"插入图片来自"选项区域中单击"文件"按钮。

Step03: 弹出"插入图片"对话框,找到需要插入的图片并单击选中,然后单击"插入"按钮。

Step04: 设置"透明度"为30%,然后单击"全部应用"按钮,关闭窗格,查看应用图片作为背景的效果。

■ 技高一筹:填充图案

用户也可以为演示文稿填充图案。打开"设置背景格式"窗格,选中"图案填充"单选按钮,在"图案"区域选择合适的类型,设置前景和背景的颜色,单击"全部应用"按钮。

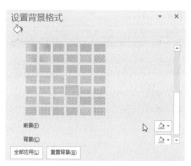

273

Part 3 PowerPoint 办公应用

12.2　制作企业营销方案演示文稿

　　企业营销方案本着人本原理和效益原理对企业进行全方位的策划与营销,从而提高企业的品牌度和知名度。企业营销方案一般要包含企业简介、产品介绍、营销方案的目的以及市场状况分析等几部分。本章通过制作营销方案演示文稿介绍幻灯片的基本操作和母版的制作过程。

12.2.1　幻灯片的基本操作

　　演示文稿创建完成后,默认包含一张幻灯片,用户可以根据需要插入幻灯片、设置幻灯片的版式等。本节将介绍幻灯片的选择、插入、删除以及复制等基本操作。

(1) 新建幻灯片

　　一个演示文稿包含多个幻灯片,用户根据需要在演示文稿中插入空白幻灯片,下面介绍具体操作方法。

Step01: 打开演示文稿,选中幻灯片,切换至"开始"选项卡,单击"幻灯片"选项组中的"新建幻灯片"下三角按钮,在列表中选择需要的幻灯片。

Step02: 返回演示文稿,查看新建幻灯片的效果。

Step03: 选中第2张幻灯片,单击鼠标右键,在快捷菜单中选择"新建幻灯片"命令。

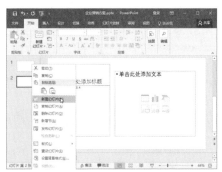

Step04: 返回演示文稿,在选中的幻灯片下方新建一张版式相同的幻灯片。

■　技高一筹:快速新建幻灯片
　　选中幻灯片,按Enter键或Ctrl+M组合键将自动在下方新建幻灯片。

PowerPoint 2016

(2) 复制和移动幻灯片

复制幻灯片是复制一份内容和版式完全一样的幻灯片,并保留原幻灯片。移动幻灯片是将幻灯片移至指定位置,下面介绍具体操作方法。

Step01: 复制幻灯片。按Ctrl键选中第2和第3张幻灯片,然后单击鼠标右键,在快捷菜单中选择"复制幻灯片"命令。

Step02: 在第3张幻灯片后面复制出相同的两张幻灯片。

Step03: 按Ctrl键选中第2和第3张幻灯片,切换至"开始"选项卡,单击"剪贴板"选项组中的"复制"按钮。

Step04: 选中第4张幻灯片,按Ctrl+V组合键,即可在选中的幻灯片下方粘贴已复制的幻灯片。

Step05: 移动幻灯片。选中第6张幻灯片,按住鼠标左键不放,拖曳至第4张幻灯片上方。

Step06: 释放鼠标,可见选中的幻灯片移动至指定的位置,所有幻灯片进行重新编号。

■ 技高一筹:更改幻灯片的方向

切换至"设计"选项卡,单击"自定义"选项组中的"幻灯片大小"下三角按

275

钮,在列表中选择"自定义幻灯片大小"选项,打开"幻灯片大小"对话框,选中"纵向",单击"确定"按钮即可将幻灯片更改为纵向。

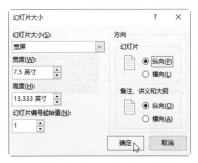

(3) 隐藏或删除幻灯片

如果在播放幻灯片时,有些幻灯片不需要放映,可以将其隐藏。对于不需要的幻灯片可以将其删除。下面介绍具体操作方法。

Step01: 隐藏幻灯片,打开演示文稿,按**Ctrl**键逐一选中需要隐藏的幻灯片,单击鼠标右键,在快捷菜单中选择"隐藏幻灯片"命令。

■ 技高一筹:功能区按钮隐藏幻灯片

选中需要隐藏的幻灯片,切换至"幻灯片放映"选项卡,单击"设置"选项组中的"隐藏幻灯片"按钮即可。

Step02: 返回演示文稿中,可见隐藏的幻灯片的编号出现斜线。

Step03: 删除幻灯片,选中需要删除的幻灯片,单击鼠标右键,在快捷菜单中选择"删除幻灯片"命令即可。

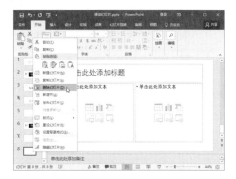

Step04: 选中需要删除的幻灯片,直接按**Delete**键即可完成删除。

(4) 设置幻灯片的编号

在PowerPoint中,幻灯片的默认编号是从1开始的,用户可以根据需要从指定的编号开始,下面介绍具体操作方法。

PowerPoint 2016

Step01：打开演示文稿，切换至"设计"选项卡，单击"自定义"选项组中的"幻灯片大小"下三角按钮，在列表中选择"自定义幻灯片大小"选项。

Step02：打开"幻灯片大小"对话框，设置"幻灯片编号起始值"为3，单击"确定"按钮。

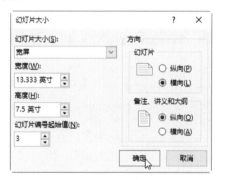

Step03：返回演示文稿中，可见幻灯片的编号从3开始，之后幻灯片的编号依次显示。

（5）设置幻灯片的版式

幻灯片的版式是幻灯片中各元素排列的方式，PowerPoint提供了11种版式，用户可根据需要直接套用，下面介绍具体操作方法。

Step01：打开演示文稿，选中幻灯片，切换至"开始"选项卡，单击"幻灯片"选项组中的"版式"下三角按钮，在列表中选择"标题和竖排文字"选项。

Step02：返回演示文稿，选中的幻灯片的版式被修改为指定版式。

技高一筹："节"的应用

若演示文稿中的幻灯片很多，用户可以为幻灯片添加"节"，使演示文稿条理清晰。选中幻灯片，切换至"开始"选项卡，单击"幻灯片"选项组中的"节"下三角按钮，在列表中选择"新增节"选项，在弹出的对话框中输入节的名称，在选中的幻灯片之前添加节，然后根据相同的方法继续添加节即可。

(6) 为幻灯片添加批注

在PowerPoint中可以通过插入批注对内容进一步说明，下面介绍具体操作方法。

Step01: 打开演示文稿，定位需要添加批注的位置，切换至"审阅"选项卡，单击"批注"选项组中的"新建批注"按钮。

Step02: 打开"批注"导航窗格，在文本框中输入批注内容，在添加批注位置显示批注的标记。

■ 技高一筹：显示批注

在幻灯片中添加批注后，会显示批注标记，可以根据需要隐藏或显示。单击"批注"选项组中的"显示批注"下三角按钮，在列表中选择相应选项即可。

(7) 设置幻灯片的视图

PowerPoint提供5种演示文稿的视图，在功能区单击相应的按钮即可应用该视图，PowerPoint默认的视图为普通视图，下面介绍具体操作方法。

Step01: 打开演示文稿，切换至"视图"选项卡，单击"演示文稿视图"选项组中的"大纲视图"按钮，在左侧大纲区域显示每张幻灯片的内容。

Step02: 单击"幻灯片浏览"按钮，该视图缩略显示各幻灯片，可以添加、删除或移动幻灯片，但不能编辑具体内容。

Step03: 单击"备注页"按钮，该视图可以为幻灯片添加备注内容。

PowerPoint 2016

12.2.2 制作幻灯片母版

为幻灯片创建母版可以统一幻灯片的外观，如颜色、页面设置、文本格式以及背景等元素，使演示文稿具有统一的风格。本节主要介绍设置母版的背景、占位符以及字体等知识。

(1) 设置母版的背景

为母版设置背景可以统一演示文稿的背景，可设置纯色、渐变和图片，本案例以设置渐变色为例介绍具体方法。

Step01：打开演示文稿，切换至"视图"选项卡，单击"母版视图"选项组中的"幻灯片母版"按钮。

Step02：自动切换至"幻灯片母版"选项卡，单击"背景"选项组中的"背景样式"下三角按钮，在列表中选择"设置背景格式"选项。

Step03：打开"设置背景格式"导航窗格，在填充选项区域选中"渐变填充"单选按钮，设置预设渐变、渐变光圈和颜色等参数。

Step04：设置完成后，关闭该窗格，查看设置母版背景的效果。

Step05：设置背景颜色。单击"背景"选项组中的"颜色"下三角按钮，在下拉列表中选择颜色。

279

Step06: 设置字体。单击"背景"选项组中的"字体"下三角按钮, 在下拉列表中选择合适的字体。

Step07: 设置效果。单击"背景"选项组中的"效果"下三角按钮, 在下拉列表中选择合适的效果。

Step08: 单击"关闭"选项组中的"关闭母版视图"按钮, 返回演示文稿中, 查看设置母版的效果。

(2) 设置占位符

用户可以在母版视图中插入占位符, 并设置占位符的格式, 以便以后直接使用, 下面介绍具体操作方法。

Step01: 打开演示文稿, 进入母版视图, 单击"编辑母版"选项组中的"插入版式"按钮, 插入新幻灯片。

Step02: 单击"母版版式"选项组中的"插入占位符"下三角按钮, 在列表中选择"文字(竖排)"选项。

Step03: 光标变为十字时, 按住鼠标左键进行拖曳绘制文本区域。

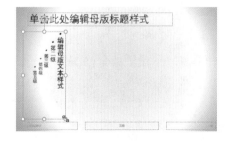

PowerPoint 2016

Step04: 在"开始"选项卡的"字体"选项组中设置字体格式,在"绘图工具-格式"选项卡的"形状样式"选项组中设置形状样式。

Step05: 单击"插入占位符"下三角按钮,在下拉列表中选择"图片"选项,在幻灯片中绘制占位符。

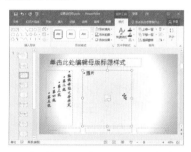

Step06: 切换至"绘图工具-格式"选项卡,单击"插入形状"选项组中的"编辑形状"下三角按钮,在列表中选择"更改形状"选项,在子列表中选择合适的形状。

Step07: 设置插入SmartArt图形占位符,查看设置后的效果。

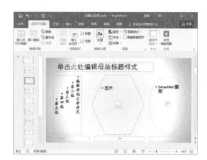

Step08: 单击"编辑母版"选项组中的"重命名"按钮。

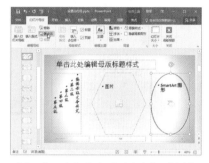

Step09: 打开"重命名版式"对话框,输入版式的名称,单击"重命名"按钮。

Step10: 退出母版视图,在"开始"选项卡中,单击"新建幻灯片"下三角按钮,在列表中选中设置的版式。

281

Part 3 PowerPoint 办公应用

知识大放送

? 如何保存自定义的主题?

打开设置自定义主题的演示文稿,切换至"设计"选项卡,单击"主题"选项组中的"其他"按钮,在下拉列表中选择"保存当前主题"选项,如下左图所示。

　　打开"保存当前主题"对话框,选择保存的路径,设置文件名称,单击"保存"按钮即可,如下右图所示。若需要使用该主题,在"主题"选项组中的"其他"下拉列表中选择"浏览主题"选项,在打开的对话框中选择自定义的主题,单击"应用"按钮即可。

? 如何同时打开多张演示文稿?

打开演示文稿,执行"文件>打开"操作,单击"浏览"按钮,打开"打开"对话框,按Ctrl键选择需要打开的演示文稿,单击"打开"按钮即可,如下左图所示。

　　打开需要同时打开演示文稿的对话框,选中多个文件,单击鼠标右键,在快捷菜单中选择"打开"命令,即可打开选中的演示文稿,如下右图所示。

? 如何在幻灯片中插入日期和时间?

打开演示文稿,切换至"插入"选项卡,单击"文本"选项组中的"日期和时间"或"页眉和页脚"按钮,如下左图所示。

　　打开"页眉和页脚"对话框,在"幻灯片"选项卡中勾选"日期和时间"复选框,设置时间类型,选中"固定"单选按钮,单击"全部应用"按钮即可,如下右图所示。

PowerPoint 2016

如何使用Word文档制作演示文稿?

制作演示文稿时,如果需要使用Word文档中的内容,可以直接使用Word文档制作演示文稿,以便节省时间。打开演示文稿,执行"文件>打开"操作,单击"浏览"按钮,如下左图所示。

打开"打开"对话框,单击右下角文件类型下三角按钮,在列表中选择"所有文件"选项,如下右图所示。

283

打开需要使用的Word文档所在的文件夹,选中文档,单击"打开"按钮,如下左图所示。

打开新建的演示文稿,在幻灯片中应用Word文档中的内容,根据实际需要进行设置即可,如下右图所示。

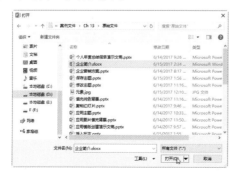

Part 3 PowerPoint 办公应用

Chapter 13　演示文稿的编辑

本章概述

创建演示文稿时, 构成演示文稿的主要元素是文字, 为了使演示文稿更丰富多彩, 还可以插入艺术字、图片、图表、表格以及图形等。创建精美的幻灯片可以让浏览者印象更深刻。本章主要介绍幻灯片中各种元素的应用, 如插入表格、图表和图形, 以及插入元素的编辑和美化操作。

要点难点

◇　艺术字的创建和编辑
◇　图片的插入和美化
◇　表格的插入
◇　表格的编辑
◇　图表的应用
◇　形状和SmartArt图形的创建
◇　形状和SmartArt图形的应用

本章案例文件

PowerPoint 2016

13.1 创建企业拉练活动演示文稿

企业每年都会组织员工开展拉练活动,通过活动促使新员工快速融入企业这个集体,增强员工之间的感情和信任。本节通过创建企业拉练活动演示文稿,介绍插入图片、艺术字、表格、图表以及各种形状等知识。

13.1.1 艺术字的应用

文字是幻灯片的基本元素,适当设置艺术字效果可以起到画龙点睛的作用。本节主要介绍艺术字的相关内容,如插入艺术字以及编辑艺术字等。

(1) 插入艺术字

艺术字是PowerPoint提供的文本样式对象,用户可以直接插入到幻灯片,并设置其格式,下面介绍具体操作方法。

Step01: 打开演示文稿,选中第一张幻灯片,切换至"插入"选项卡,单击"文本"选项组中的"艺术字"下三角按钮,在列表中选择合适的艺术字。

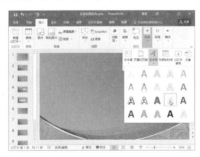

Step02: 在幻灯片中插入艺术字文本框,将光标移至边框上,变成4个方向箭头时,拖曳鼠标至合适位置。

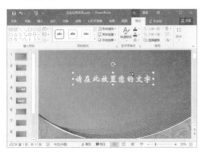

Step03: 删除文本框中原本的内容,输入幻灯片的标题。

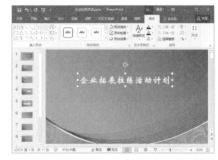

(2) 设置艺术字的填充

创建艺术字之后,用户可以为艺术字添加各种填充效果,如填充颜色、渐变以及图片等,下面具体介绍操作方法。

Step01: 填充颜色。选中插入的艺术字,单击鼠标右键,在浮动工具栏中单击"字体颜色"下三角按钮,选择合适的颜色即可。

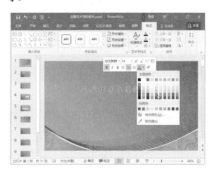

285

Step02: 填充图片。选中艺术字, 切换至 "绘图工具－格式" 选项卡, 单击 "艺术字样式" 选项组中的 "文本填充" 下三角按钮, 在列表中选择 "图片" 选项。

Step03: 打开 "插入图片" 面板, 单击 "浏览" 按钮, 打开 "插入图片" 对话框, 选择合适的图片, 单击 "插入" 按钮。

Step04: 返回演示文稿中, 查看插入图片的效果。

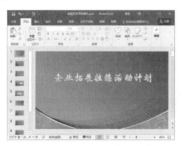

■ 技高一筹: 填充渐变和纹理

选中插入的艺术字, 单击 "艺术字样式" 选项组中的 "文本填充" 下三角按钮, 在列表中选择 "渐变" 或 "纹理" 选项, 在子列表中选择样式即可。

(3) 设置艺术字的边框

用户还可以设置艺术字边框的样式, 增加艺术字的艺术气息, 下面介绍具体操作方法。

Step01: 打开演示文稿, 选中艺术字, 切换至 "绘图工具－格式" 选项卡, 单击 "艺术字样式" 选项组中的 "文本轮廓" 下三角按钮, 在列表中选择合适的颜色。

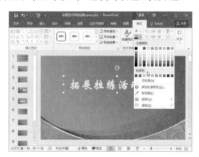

Step02: 选择红色, 返回演示文稿查看设置轮廓颜色的效果。

Step03: 在 "文本轮廓" 列表中选择 "粗细>3磅" 选项。

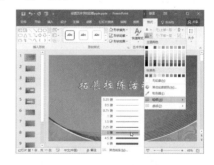

PowerPoint 2016

Step04: 在"文本轮廓"列表中选择"虚线>方点"选项，查看设置文本边框的效果。

(4) 设置艺术字效果

用户可以为艺术字设置特殊的效果，从而使之更加艺术化，下面介绍具体操作方法。

Step01: 打开演示文稿，选中艺术字，单击"艺术字样式"选项组中的"文本效果"按钮，在列表中选择阴影的效果。

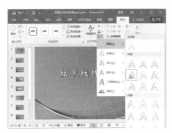

Step02: 设置阴影效果后，在"文本效果"列表中选择"阴影>阴影选项"选项，打开"设置形状格式"窗格，设置阴影的颜色和距离。

Step03: 返回演示文稿中，查看为艺术字设置阴影的效果。

Step04: 在"文本效果"列表中设置发光样式和发光的颜色，查看效果。

Step05: 在"文本效果"列表中设置映像的效果和映像的距离。

■ 技高一筹：艺术字的其他效果

为艺术字设置效果时，除了上述介绍的效果外，还包括棱台、三维旋转和转换效果。用户应用效果后，可在列表中选择相应的选项，打开对应的窗格，进一步设置效果的格式。若取消应用的效果，在效果的列表中选择"无"选项即可。

13.1.2　图片的应用

在制作演示文稿时，插入精美的图片，不但可以美化幻灯片，还可以使演示文稿图文并茂，更具有说服力。本节将介绍图片的插入、编辑和美化等操作。

(1) 插入图片

在幻灯片中插入漂亮的图片，可以吸引读者的眼球，提高演示文稿的阅读量，下面介绍具体的操作方法。

Step01：打开演示文稿，选择需要插入图片的位置，切换至"插入"选项卡，单击"图像"选项组中的"图片"按钮。

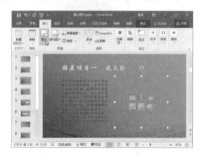

Step02：打开"插入图片"对话框，选择需要插入的图片，单击"插入"按钮。

■　技高一筹：插入图片的其他方法

除了上述介绍的在功能区插入图片外，还可以通过图片点位符插入图片。单击"图片"点位符，打开"插入图片"对话框，选择合适的图片，单击"打开"按钮即可。

Step03：返回演示文稿中，可见在指定的位置插入了所选的图片。

Step04：此时插入的图片四周出现8个控制点，光标移至控制点上出现双向箭头时，进行拖曳可调整图片的大小。

Step05：用户也可以精确设置图片的大小，选中图片，切换至"图片工具–格式"选项卡，在"大小"选项组中设置图片的高度和宽度。

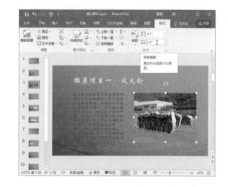

PowerPoint 2016

(2) 裁剪图片

如果插入图片的大小、纵横比例不合适或是图片上有多余的部分,此时可以裁剪图片,下面介绍具体操作方法。

Step01: 打开演示文稿,选中插入的图片,切换至"图片工具–格式"选项卡,单击"大小"选项组中的"裁剪"按钮。

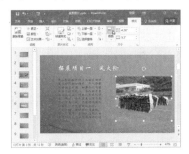

Step02: 选中的图片四周出现裁剪控制点,通过拖曳控制点对图片进行裁剪。

Step03: 用户可以将图片裁剪为想要的形状,选中图片,单击"大小"选项组中的"裁剪"下三角按钮,在列表中选择合适的形状。

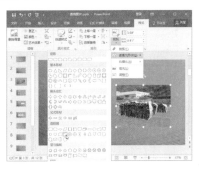

Step04: 返回演示文稿中,可见图片被裁剪为选中的形状样式。

(3) 设置图片的样式

PowerPoint为图片提供了丰富的样式,用户可以根据需要直接使用,也可以设置图片的边框和效果,下面介绍具体操作。

Step01: 打开演示文稿,选中图片,切换至"图片工具–格式"选项卡,单击"图片样式"选项组中的"其他"按钮。

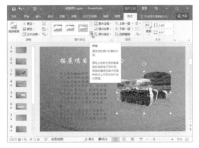

Step02: 在打开的样式库中选择合适的样式,此处选择"旋转 白色"。

Step03: 返回演示文稿中, 可见选中的图片应用了样式。

Step04: 设置图片边框, 选中图片, 单击"图片样式"选项组中的"图片边框"下三角按钮, 在列表中选择合适的颜色。

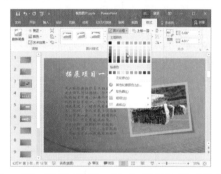

Step05: 选中图片, 单击"图片样式"选项组中的"图片边框"下三角按钮, 在列表中选择"粗细>4.5磅"选项。

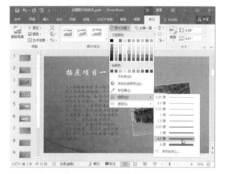

Step06: 设置完成后, 返回演示文稿查看设置图片边框的效果。

Step07: 用户可以设置图片效果, 选中图片, 单击"图片样式"选项组中的"图片效果"下三角按钮, 在列表中选择"三维旋转>透视右向对比"选项。

Step08: 在"三维旋转"列表中选择"三维旋转选项"选项, 打开"设置图片格式"窗格, 在"三维旋转"区域设置图片的旋转角度以及距底边高度的数值。

Step09: 设置完成后, 返回演示文稿中查看设置图片三维旋转的效果。

（4）调整图片

用户可通过调整图片的亮度/对比度、锐化/柔化、颜色或添加图片的艺术效果，使图片达到特殊的效果，下面介绍具体操作方法。

Step01： 打开演示文稿，选中图片，切换至"图片工具-格式"选项卡，单击"调整"选项组中的"更正"下三角按钮，选择合适的选项。

Step04： 打开"设置图片格式"窗格，在"图片更正"选项区域中设置各项参数。

Step05： 关闭导航窗格，查看设置图片更正后的效果。

Step02： 返回演示文稿，可见图片被调整得更亮。

Step06： 设置图片颜色，单击"颜色"下三角按钮，在列表中选择合适的颜色。

Step03： 选中图片，单击"调整"选项组中的"更正"下三角按钮，在列表中选择"图片更正选项"选项。

291

Step07: 返回演示文稿,可见图片颜色的饱和度很高。

Step08: 选中图片,单击"颜色"下三角按钮,选择"其他变体"选项,在列表中选择合适的颜色。

Step09: 设置完成后,图片应用选中的颜色,使该图片有陈旧的感觉。

292

Step10: 设置图片的艺术效果,选中图片,切换至"图片工具–格式"选项卡,单击"调整"选项组中的"艺术效果"下三角按钮,选择"铅笔灰度"选项。

Step11: 返回演示文稿,查看图片应用的艺术效果。

Step12: 为图片应用"发光散射"的艺术效果。

Step13: 为图片应用"混凝土"的艺术效果。其他艺术效果不再赘述。

(5) 管理图片

当在同一页面中插入多个图片时，用户可以对其进行排列或组合，下面介绍具体操作方法。

Step01: 打开演示文稿，切换至"插入"选项卡，单击"图像"选项组中的"图片"按钮，打开"插入图片"对话框，按**Ctrl**键选中4个图片，单击"插入"按钮。

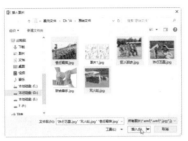

Step02: 插入演示文稿的图片是堆放在一起的，而且图片大小不一，可以调整图片位置进行美化。

Step03: 按**Ctrl**键选中图片，单击"大小"选项组中的对话框启动器按钮，在打开的窗格中取消勾选"锁定纵横比"复选框，调整高度和宽度。

Step04: 选中上面两幅图片，切换至"图片工具－格式"选项卡，单击"排列"选项组中的"对齐"下三角按钮，在列表中选择"顶端对齐"选项。

Step05: 分别设置左边图片为左对齐，底部图片为底对齐，右侧图片为右对齐，设置完成后，查看图片的排列效果。

Step06: 按**Ctrl**键选中图片，单击"排列"选项组中的"组合"下三角按钮，选择"组合"选项，即可将图片组合为一张图片。

■ 技高一筹：设置图片的排列层次

若图片出现重叠，选中图片，在"排列"选项组中单击"上移一层"或"下移一层"下三角按钮，在列表中选择相应的选项即可设置图片的排列层次。

293

13.1.3 表格的应用

表格可以有规则地将复杂数据有条理地罗列出来。使用表格在某些方面比文本和图表更具有说服力，下面介绍插入表格、选取单元格、美化表格等操作。

(1) 插入表格

在 PowerPoint 中插入表格可以有效地、有条理地表达数据，下面介绍两种插入表格的方法。

方法1：占位符插入表格

Step01：打开演示文稿，在包含表格图标占位符的幻灯片中单击"插入表格"按钮。

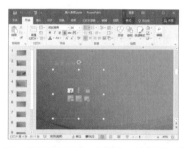

Step02：打开"插入表格"对话框，在"列数"和"行数"数值框中输入数字，单击"确定"按钮。

Step03：在演示文稿中插入5行3列的表格，四周出现8个控制点。

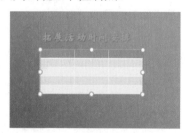

方法2：功能区插入表格

Step01：打开演示文稿，切换至"插入"选项卡，单击"表格"选项组中的"表格"下三角按钮，在列表中确定行数和列数，单击鼠标左键即可插入表格。

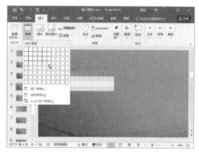

Step02：拖曳控制点调整表格的大小，查看效果。

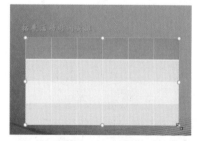

(2) 表格的基本操作

表格创建完成后，用户可以根据需要对表格进行相关操作，如插入/删除行或列、单元格的选择、合并或拆分单元格等，下面将在步骤中详细介绍。

Step01：打开演示文稿，选中插入的表格，将光标定位在需要选中的单元格，单击选中，若选择连续单元格，按住鼠标拖曳即可。

PowerPoint 2016

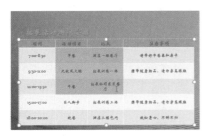

Step02: 选中行或列, 将光标移至需要选中行的最前面, 变为向右的黑色箭头时, 单击鼠标左键即可选中该行。

Step03: 选中连续的两个单元格, 切换至 "表格工具–布局" 选项卡, 单击 "合并" 选项组中的 "合并单元格" 按钮。

Step04: 返回演示文稿, 查看合并单元格的效果。

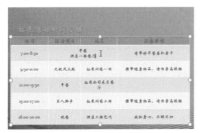

Step05: 选中单元格, 单击 "合并" 选项组中的 "折分单元格" 按钮。

Step06: 打开 "拆分单元格" 对话框, 设置 "列数" 和 "行数" 的数值, 单击 "确定" 按钮即可。

Step07: 插入行或列。选中单元格, 切换至 "表格工具–布局" 选项卡, 单击 "行和列" 选项组中的 "在左侧插入" 按钮。

Step08: 查看在左侧插入列的效果。

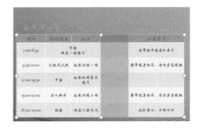

295

Part 3　PowerPoint 办公应用

Step09： 删除行或列。选中需要删除列的单元格，单击"行和列"选项组中的"删除"下三角按钮，在列表中选择"删除列"选项，即可删除。

Step10： 表格的对齐方式。选中表格，单击"排列"选项组中的"对齐"下三角按钮，在列表中选择对齐的选项即可。

■ 技高一筹：精确设置表格的尺寸

通过鼠标拖曳控制点可以粗略调整表格的大小，用户也可以对表格进行精确的大小设置。选中表格，切换至"表格工具–布局"选项卡，在"表格尺寸"选项组中可设置表格的宽度和高度。

(3) 美化表格

在PoweerPoint中插入表格，系统默认应用了表格样式，用户可以根据需要重新应用样式，下面介绍具体的方法。

Step01： 打开演示文稿，选中表格，切换至"表格工具–设计"选项卡，单击"表格样式"选项组中的"其他"按钮。

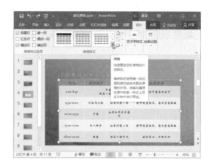

Step02： 在打开的表格样式库中选择合适的样式。

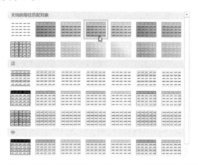

Step03： 返回演示文稿，查看更改表格样式的效果。

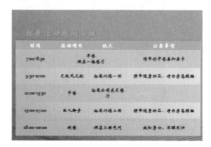

■ 技高一筹：为单元格添加底纹

选中需要填充的单元格，单击"表格样式"选项组中的"底纹"下三角按钮，在列表中可以选择填充的类型，如填充颜色、渐变、纹理以及图片。

Step04： 添加斜线。选中单元格，切换至"表格工具–设计"选项卡，单击"无边框"下三角按钮，选择"斜下框线"选项。

Step05: 可见选中的单元格中添加了斜线。单击"绘制边框"选项组中的"笔颜色"下三角按钮,在列表中选择红色。

Step06: 当光标变为笔形状时,移至斜线上单击鼠标左键即可应用颜色。

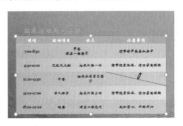

Step07: 设置表格的边框。切换至"表格工具–设计"选项卡,单击"绘制边框"选项组中的"笔画粗细"下三角按钮,在列表中选择相应的选项。

Step08: 单击"绘制边框"选项组中的"笔样式"下三角按钮,在列表中选择合适的笔样式。

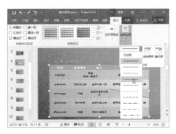

Step09: 设置笔颜色。光标变为笔形状,单击需要的边框即可。

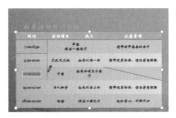

Step10: 选中整个表格,单击"表格样式"选项组中的"无边框"下三角按钮,在列表中选择"所有框线"选项,即可为表格内、外部边框应用设置的样式。

■ 技高一筹:橡皮擦的应用

　　橡皮擦也叫表格擦除器,可用来删除选定的边框并创建合并单元格。单击"绘制边框"选项组中的"橡皮擦"按钮,光标变为橡皮擦形状。当擦除纵向边框时,合并左右相邻的单元格;当擦除横向边框时,合并上下相邻的单元格。

Part 3　PowerPoint 办公应用

13.1.4 图表的应用

图表是直接展示数据的方法之一，它可以使数据有效地、直观地展示给浏览者。本节将介绍插入图表、编辑图表和美化图表的相关内容。

(1) 插入图表

在PowerPoint中插入图表和插入表格的方法类似，下面介绍其中一种方法。

Step01：打开演示文稿，切换至需插入图表的幻灯片，切换至"插入"选项卡，单击"插图"选项组中的"图表"按钮。

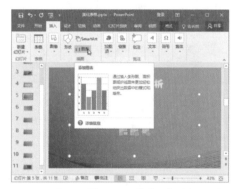

Step02：打开"插入图表"对话框，选择"柱形图"选项，在面板中选择"簇状柱形图"，单击"确定"按钮。

Step03：在幻灯片中插入不带数据的图表，同时打开Excel工作表，然后输入相关数据，关闭Excel工作表。

Step04：返回演示文稿中，可见在Excel表格中设置的数据已被插入图表。

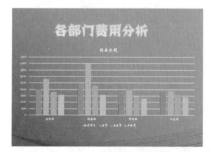

(2) 编辑图表的数据

图表创建完成后，如果需要修改或编辑数据，只能通过编辑Excel工作表中的数据来完成，下面将在步骤中详细介绍。

Step01：打开演示文稿，选中插入的图表，切换至"图表工具－设计"选项卡，单击"数据"选项组中的"编辑数据"按钮。

PowerPoint 2016

Step02: 打开Excel工作表, 在表格中修改或编辑数据即可, 此处添加"人事部"的费用。

Step03: 关闭Excel工作表, 可见在图表中添加了"人事部"数据。

■ 技高一筹: 在Excel中编辑数据

在本案例中, 打开的Excel工作表没有功能区和菜单栏, 若使用Excel工作表中的相关功能, 必须打开完整的工作表。选中图表, 单击"数据"选项组中的"编辑数据"下三角按钮, 在列表中选择"在Excel中编辑数据"选项, 则打开完整的Excel工作表, 根据Excel的知识编辑表格即可。

(3) 设置图表的布局

为了使浏览者更清楚图表的含义, 用户可以添加图表元素, 也可以直接应用图表的布局, 下面介绍具体操作步骤。

Step01: 打开演示文稿, 选中图表, 切换至"图表工具-设计"选项卡, 单击"图表布局"选项组中的"添加图表元素"下三角按钮, 在列表中选择"图表标题>图表上方"选项。

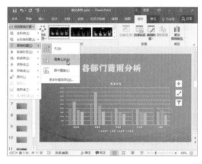

Step02: 在图表上方添加标题文本框, 然后输入图表的标题名称, 选中名称, 切换至"开始"选项卡, 在"字体"选项组中设置字体格式。

■ 操作解惑: 居中覆盖

在"图表标题"子列表中选择"居中覆盖"选项, 则标题在绘图区上方居中显示; 选择"图表上方"选项, 标题在图表区上方居中显示。

Step03: 在"添加图表元素"列表中选择"坐标轴标题 > 主要纵坐标轴"选项,然后输入纵坐标轴内容。

Step04: 在"添加图表元素"列表中选择"数据标签 > 数据标签外"选项,即可在数据系列外显示数值。

Step05: 在"添加图表元素"列表中选择"数据表 > 无图例项标示"选项,在图表下方插入表格,可图文并茂更清晰地查看各项数据。

Step06: 在"添加图表元素"列表中选择"图例 > 顶部"选项,即可将图表的图例移至标题下方。

Step07: 设置完成后,返回演示文稿,查看添加图表元素后的效果。

Step08: 用户为了方便,可以直接应用图表的布局,单击"图表布局"选项组中的"快速布局"下三角按钮,在列表中选择满意的布局即可。

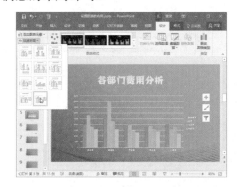

PowerPoint 2016

(4) 更改图表类型

PowerPoint提供了10多种图表类型,用户若感觉原图表不是最适合的,可以更改为其他类型,下面介绍具体的方法。

Step01: 打开演示文稿,选中图表,切换至"图表工具–设计"选项卡,单击"类型"选项组中的"类型"按钮。

Step02: 打开"更改图表类型"对话框,选择"折线图"选项,在右侧面板中选择"带数据标记的折线图"图表类型,单击"确定"按钮。

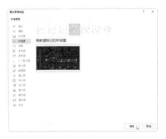

技高一筹:右键菜单更改图表类型

选中图表,在绘图区单击鼠标右键,在快捷菜单中选择"更改图表类型"命令,在打开的"更改图表类型"对话框中进行设置。

Step03: 返回演示文稿,可见柱形图已经更改为折线图。

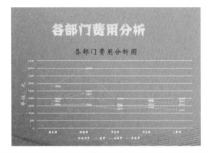

(5) 美化图表

图表创建完成后,为了能够吸引眼球,用户可以设置图表样式、更改颜色以及设置数据系列的样式进行美化,下面介绍具体的方法。

Step01: 打开演示文稿,选中图表,切换至"图表工具–设计"选项卡,单击"图表样式"选项组中的"其他"按钮。

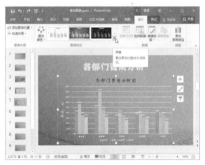

Step02: 打开图表样式库,选择合适的图表样式,此处选择"样式8"。

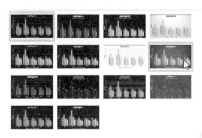

301

Step03: 返回演示文稿, 查看应用图表样式的效果。

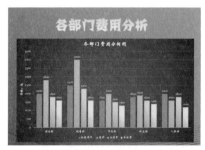

Step04: 设置数据系列格式, 选中图表, 单击"图表样式"选项组中的"更改颜色"下三角按钮, 在列表中选择颜色。

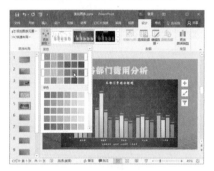

Step05: 选中"拓展项目"系列, 单击鼠标右键, 在快捷菜单中选择"设置数据系列格式"命令。

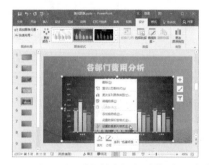

Step06: 打开"设置数据系列格式"窗格, 在"边框"选项区域设置边框的颜色和样式。

Step07: 返回演示文稿, 查看设置"拓展项目"系列格式的效果。

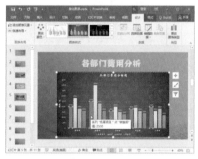

Step08: 选择"住宿费"的数据标签, 单击鼠标右键, 在快捷菜单中选择"设置数据标签格式"命令。

Step09: 打开"设置数据标签格式"窗格, 在"填充"与"线条"选项区域, 设置渐变填充的样式和颜色, 设置边框的样式、粗细和颜色, 在"标签位置"区域选中"居中"单选按钮。

Step10: 返回演示文稿中, 查看设置数据标签的效果。

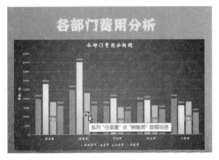

Step11: 选中"餐费"数据标签, 单击鼠标右键, 选择"更改数据标签形状"命令, 在子菜单中选择形状, 此处选择"椭圆"形状。

Step12: 根据步骤9的方法, 设置数据标签的填充类型和颜色以及边框类型、颜色和粗细。

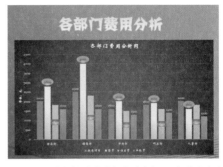

Step13: 设置图表填充颜色, 选中图表, 切换至"图表工具－格式"选项卡, 单击"形状填充"下三角按钮, 选择颜色。

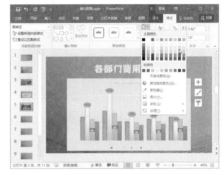

Step14: 设置填充图片, 选中图表, 单击"形状填充"下三角按钮, 在列表中选择"图片"选项。

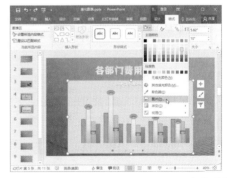

Step15: 打开"插入图片"面板, 单击"浏览"图标, 打开"插入图片"对话框, 选中合适的图片, 单击"插入"按钮。

Part 3 PowerPoint 办公应用

Step16: 单击"形状轮廓"下三角按钮，在列表中设置轮廓的颜色、宽度和样式。

■ 技高一筹：设置图表效果

选中图表，单击"形状样式"选项组中的"形状效果"下三角按钮，在列表中选择应用的效果即可。

Step17: 选中图表的标题，切换至"开始"选项卡，在"字体"选项组中设置标题的字体和字号。

Step18: 设置艺术字，选中图表标题，切换至"图表工具-格式"选项卡，单击"艺术字样式"选项组中的"其他"按钮。

Step19: 单击"文本填充"下三角按钮，在列表中选择填充颜色。

Step20: 单击"文本轮廓"下三角按钮，在列表中设置轮廓的格式。

Step21: 返回演示文稿中，查看设置数据标签的效果。

13.2 制作企业宣传演示文稿

企业宣传的常见形式之一就是通过企业自主投资制作文字、图片或视频来介绍企业的发展史、企业文化、主营产品、组织流程以及企业名人等,主要作用是提高企业的知名度和美誉度。企业宣传的方式很多,包括报纸、杂志、电视广告以及网络等,在此我们将介绍使用PPT制作企业宣传演示文稿,向浏览者介绍企业相关信息的方法。本节以企业宣传演示文稿为例介绍图形和SmartArt图形的应用。

13.2.1 图形的应用

在PowerPoint中插入图形可以达到文字、表格或图表不能达到的效果,使演示文稿更灵活多变。下面将介绍图形的插入、编辑、美化以及在图形中输入文字等内容。

(1) 插入图形

在PowerPoint中插入图形的方法和插入表格和图表的方法类似,下面介绍具体的操作方法。

Step01: 打开演示文稿,选中需要插入形状的幻灯片,切换至"插入"选项卡,在"插入"选项组中单击"形状"下三角按钮,在下拉列表中选择"椭圆"选项。

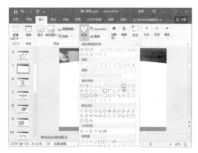

Step02: 当光标变为十字形状时,在绘图区域,按住鼠标左键进行绘制。

Step03: 选中插入的图形,按Ctrl+C组合键复制图形,然后按4次Ctrl+V组合键进行粘贴,查看复制的效果。

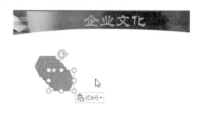

Step04: 将光标移至图形上变为4个箭头时,按住鼠标左键拖曳调整图形的位置。

■ 技高一筹:绘制规则的图形

绘制图形时,按Ctrl键绘制是从中心开始的;按Shift键可绘制正的图形,如正方形、正圆形。

Part 3 PowerPoint 办公应用

(2) 手动绘制图形

用户可以根据需要手绘图形，绘制图形时借助网络线，可以更方便，下面介绍具体操作方法。

Step01: 打开工作表，选中需要手绘图形的幻灯片，切换至"视图"选项卡，单击"显示"选项组中的"网格线"按钮。

Step02: 切换至"插入"选项卡，单击"插图"选项组中的"形状"下三角按钮，在列表中选择"任意多边形:形状"选项。

Step03: 当光标变为黑色十字时，在页面中根据网格线绘制图形。

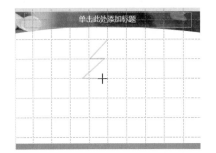

Step04: 当绘制的终点与起始点重合时，边线自动连接，并填充颜色。

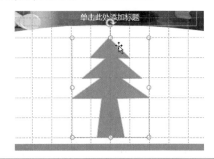

(3) 调整图形

图形创建完成后，用户可以对图形进行编辑，如设置填充颜色、轮廓和效果以及更改图形类型，下面介绍具体操作方法。

Step01: 打开演示文稿，选中图形，切换至"绘图工具-格式"选项卡，单击"插入形状"选项组中的"编辑形状"下三角按钮，在列表中选择"编辑顶点"选项。

Step02: 此时图形的各个顶点为黑色小方块，选中顶点拖曳即可调整图形。

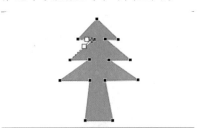

306

Step03: 调整完成后, 可见图形比调整前更协调。

■ 技高一筹:右键菜单编辑顶点

选中图形, 单击鼠标右键, 在快捷菜单中选择"编辑顶点"命令, 按照第二步操作编辑顶点即可。

Step04: 等比例调整图形大小。选中图形, 单击鼠标右键, 在快捷菜单中选择"大小和位置"命令。

Step05: 打开"设置形状格式"窗格, 在"大小"区域, 勾选"锁定纵横比"复选框, 然后设置大小。

Step06: 旋转图形。选中图形, 将光标移至图形上方旋转控制点, 按住鼠标拖曳旋转即可。

Step07: 选中图形, 切换至"绘图工具－格式"选项卡, 单击"排列"选项组中的"旋转"下三角按钮, 在列表中选择"向左旋转90°"选项。

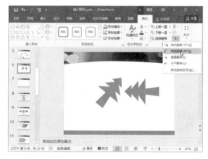

Step08: 选择图形, 切换至"绘图工具－格式"选项卡, 单击"排列"选项组中的"旋转"下三角按钮, 在列表中选择"其他旋转选项"选项, 在打开的窗格中输入"旋转"的数值即可。

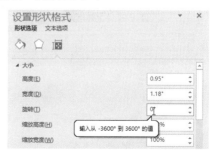

307

Part 3 PowerPoint 办公应用

(4) 设置图形的样式

插入的图形都默认为统一的样式，不一定适合所有PPT的风格，用户需要根据不同环境设置不同的样式，下面介绍具体操作方法。

Step01：打开演示文稿，选中图形，切换至"绘图工具－格式"选项卡，单击"形状样式"选项组中的"其他"按钮。

Step02：在打开的样式库中选择"彩色填充－金色，强调颜色2"选项。

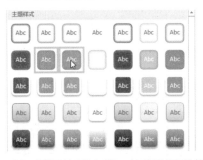

Step03：返回演示文稿，查看设置形状样式的效果。

Step04：设置渐变填充，选中图形，单击"形状样式"选项组中的"形状填充"下三角按钮，在列表中选择"渐变"选项，在子列表中选择合适的渐变类型。

Step05：在"渐变"子列表中选择"其他渐变选项"选项，打开"设置形状格式"窗格，设置渐变光圈和透明度。

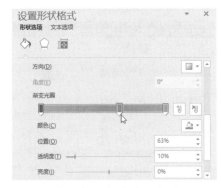

Step06：返回演示文稿中，查看设置图形渐变填充的效果。

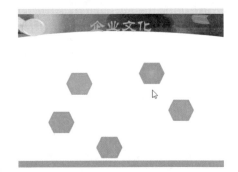

Step07: 为图形应用效果。选中图形,单击"形状样式"选项组中的"形状效果"下三角按钮,选择"预设 > 预设5"选项。

Step08: 选择图形,单击"形状效果"下三角按钮,在列表中选择"棱台"选项,在子列表中选择合适的效果。

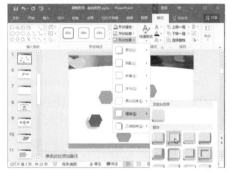

Step09: 选中图形,单击"形状样式"选项组中的"形状轮廓"下三角按钮,在列表中设置图形的轮廓颜色。

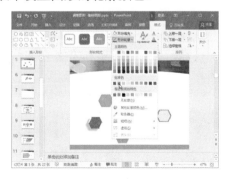

Step10: 在"形状填充"列表中设置轮廓的粗细和类型。

Step11: 单击"形状效果"下三角按钮,在列表中选择"发光"选项,在子列表中选择发光的类型。

Step12: 设置填充颜色为浅绿色,返回演示文稿,查看美化图形的效果。

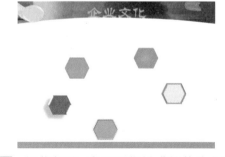

■ 操作解惑:应用形状样式的其他方法
选中图形,切换至"开始"选项卡,单击"绘图"选项组中的"快速样式"下三角按钮,在列表中选择形状样式即可。

309

Part 3 PowerPoint 办公应用

(5) 在图形中输入文字

　　美丽的图形创建完成后,可以提高幻灯片的颜值,但是缺少说服力,因此需要添加文字,下面介绍具体操作方法。

Step01: 打开演示文稿,选中图形,单击鼠标右键,在快捷菜单中选择"编辑文字"命令。

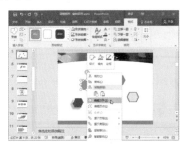

Step02: 在图形中间显示文本输入符,直接输入文字。

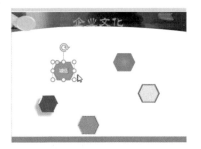

Step03: 插入文本框。切换至"插入"选项卡,单击"文本"选项组中的"文本框"下三角按钮,在列表中选择"横排文本框"选项。

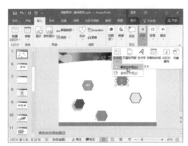

Step04: 在图形上方绘制文本框并输入文字。

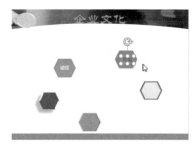

Step05: 单击"插图"选项组中的"形状"下三角按钮,选择标注的图形,然后调整方向并输入文字。

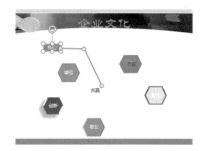

Step06: 逐个为添加的文字设置格式或艺术字,查看最终效果。

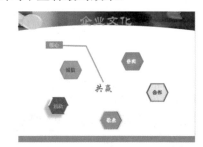

■　技高一筹:将图形和文字合并保存为图片

　　选中所有图形和文字,单击鼠标右键,在快捷菜单中选择"另存为图片"命令,打开"另存为图片"对话框,选择合适的路径,并输入名称,单击"保存"按钮即可。

13.2.2 SmartArt的应用

SmartArt图形可以直接展示各种层次关系、流程以及列表。PowerPoint包括8种SmartArt图形,用户根据需要直接选用即可。下面将介绍SmartArt图形的创建、设置和美化操作。

(1) 创建 SmartArt 图形并输入文字

创建SmartArt图形的方法很简单,和插入图形的方法类似,下面介绍具体创建的方法。

Step01: 打开工作表,选择第6张幻灯片,输入标题,并设置标题的格式。

Step02: 切换至"插入"选项卡,单击"插图"选项组中的"SmartArt"按钮。

Step03: 打开"选择SmartArt图形"对话框,选择"层次结构"选项,在右侧选择合适的图形,单击"确定"按钮。

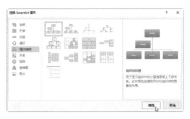

Step04: 返回演示文稿,可见创建了简单的层次结构图形。

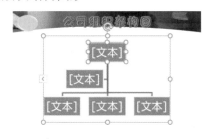

Step05: 切换至"SmartArt工具-设计"选项卡,单击"创建图形"选项组中的"文本窗格"按钮。

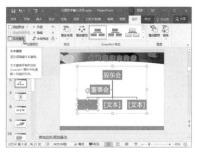

Step06: 打开文本窗格并输入文本,在结构图中会显示相应的文本信息。

311

Step07: 将光标移至图形上单击，即可插入文本插入符，然后输入文本即可。

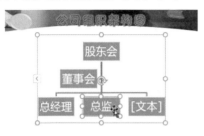

(2) 添加和删除 SmartArt 形状

创建的 SmartArt 图形包含形状的数量是一定的，用户可以根据实际需要添加或删除形状，下面介绍具体操作方法。

Step01: 选中需添加形状的位置后，在"SmartArt 工具-设计"选项卡下单击"添加形状"下三角按钮，选择"在后面添加形状"选项。

Step02: 返回演示文稿，可见在选中形状同级别的右侧添加形状，然后输入文本。

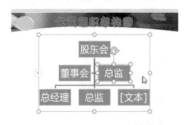

Step03: 选中需要删除的形状，按 Delete 键即可删除形状。

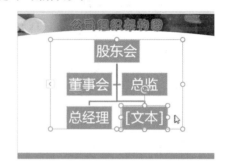

Step04: 继续添加形状。插入同级别的形状时呈垂直排列，选中上一级形状，单击"创建图形"选项组中的"布局"下三角按钮，在列表中选择"标准"选项。

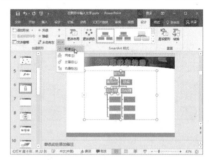

Step05: 返回演示文稿，可见下级的形状呈并排显示。

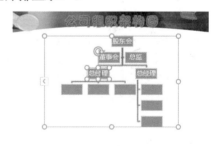

Step06: 按相同方法调整形状的布局，输入文本，拖曳图形的控制点调整其大小和位置。

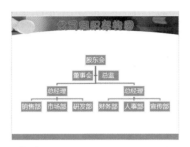

操作解惑：设置SmartArt图形左右方向

选中SmartArt图形，单击"创建图形"选项组中的"从右向左"按钮，可将图形按中间轴左右调换。本案例SmartArt图形左右轴调换后的效果如下。

(3) 美化 SmartArt 图形

组织架构图创建完成后，为默认的样式。用户可以根据需要应用SmarArt图形的样式，或设置其样式，也可更改布局，下面介绍操作方法。

Step01：选中SmartArt图形，切换至"SmartArt工具–设计"选项卡，单击"版式"选项组中的"其他"按钮，在列表中选择"水平多层层次结构"选项。

Step02：返回演示文稿，可见SmartArt图形的版式更改为水平层次。

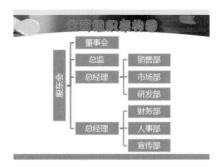

Step03：选中图形，单击"SmartArt样式"选项组中的"其他"按钮。

Step04：在打开的SmartArt样式库中选择合适的样式，此处选择"三维"区域的"金属场景"样式。

Step05：返回演示文稿，可见SmartArt图形应用选中的样式。单击"SmartArt样式"选项组中的"更改颜色"下三角按钮，在列表中选择合适的颜色。

Part 3 PowerPoint 办公应用

Step06: 返回演示文稿, 查看设置SmartArt图形样式和颜色后的效果。

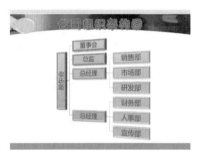

Step07: 设置图形填充, 切换至"SmartArt工具-格式"选项卡, 单击"形状样式"选项组中的"形状填充"下三角按钮, 在列表中选择合适的颜色。

■ 技高一筹: 自定义颜色

在"形状填充"列表中选择"其他填充颜色"选项, 打开"颜色"对话框, 在"自定义"选项卡中输入各种颜色的数据, 单击"确定"按钮即可完成自定义颜色。

Step08: 在"形状轮廓"列表中设置图形轮廓的格式。

Step09: 在"形状效果"列表中选择"发光"选项, 在子列表中选择合适的效果。

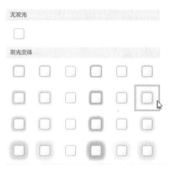

Step10: 分别选中文本, 设置字体的格式, 以及应用艺术字样式。

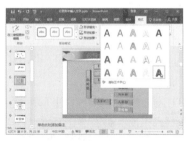

Step11: 返回演示文稿, 查看美化SmartArt图形的效果。

314

知识大放送

？ 如何删除插入图片的背景？

打开演示文稿,选中插入的图片,切换至"图片工具－格式"选项卡,单击"调整"选项组中的"删除背景"按钮,如下左图所示。

此时,图片的背景呈紫色,通过鼠标拖曳控制点确定删除背景的范围,然后单击"关闭"选项组中的"保留更改"按钮,即可删除图片的背景,如下右图所示。

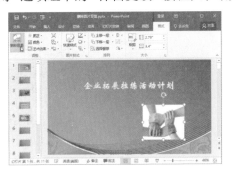

？ 如何在PowerPoint中导入Excel工作表？

打开演示文稿,切换至"插入"选项卡,单击"表格"选项组中的"表格"下三角按钮,在列表中选择"Excel电子表格"选项,如下左图所示。

稍等片刻,则显示Excel的工作界面,然后在单元格中输入数据即可,如下右图所示。

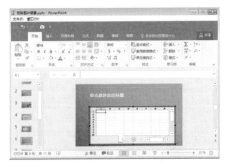

？ 如何创建组合的图表？

打开演示文稿,切换至"插入"选项卡,单击"插图"选项组中的"图表"按钮,打开"插入图表"对话框,选择"组合"选项。在右侧选择组合图表的类型,在"为您的数据系列选择图表类型和轴"区域设置图表的类型。设置完成后,单击"确定"按钮,在打开的Excel表格中输入数据和名称,在幻灯片中将显示设置的组合图表。

Part 3 PowerPoint 办公应用

Chapter 14 演示文稿的效果应用

本章概述

本章将通过在新员工入职培训和企业集体活动方案演示文稿中添加效果的介绍,详细介绍在幻灯片中添加声音、视频、超链接以及动画效果等的操作方法。通过本章内容的介绍,使读者能够创建出动态、多样的幻灯片。

要点难点

◇ 在演示文稿中添加音频效果
◇ 设置音频的播放效果
◇ 在演示文稿中添加视频效果
◇ 设置视频的播放效果
◇ 在演示文稿中添加超链接
◇ 为对象添加动画效果
◇ 设置幻灯片的切换效果

本章案例文件

14.1 制作新员工入职培训演示文稿

为了让新入职的员工能够更快地融入新的环境，公司会对每一个初入公司的新员工进行入职培训，介绍公司历史、基本工作流程、行为规范、组织结构、人员结构和同事关系等。本节主要通过为新员工入职培训演示文稿添加效果，详细介绍如何在演示文稿中添加音频、视频以及超链接的操作方法。

14.1.1 添加音频效果

在PowerPoint演示文稿中，用户可以为幻灯片添加音频文件，作为幻灯片的背景音乐或动作音效，从而丰富幻灯片的效果。

(1) 添加音频文件

下面介绍在幻灯片中添加本地音乐文件的操作方法，具体如下。

Step01：打开"新员工入职培训"演示文稿，切换至"插入"选项卡，单击"媒体"选项组中的"音频"下三角按钮，选择"PC上的音频"选项。

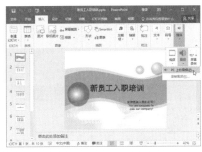

Step02：打开"插入音频"对话框，选择要插入的背景音乐后，单击"插入"按钮。

Step03：返回演示文稿中，查看插入演示

文稿中的音频文件图标。

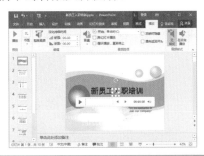

(2) 移动音频图标

选中插入到演示文稿中的音频图标，按住鼠标左键不放，拖动到页面中的合适位置后，释放鼠标左键即可移动音频图标。

■ 操作解惑：使用键盘上的方向键移动

选中音频图标后，用户可以按下键盘上的上下左右方向键，移动音频图标的位置。

317

Part 3 PowerPoint 办公应用

(3) 设置音频图标大小

选中插入到演示文稿中的音频图标，将光标置于图标右上角，待光标变为十字形状时，按住鼠标左键不放并拖动设置音频图标的大小。

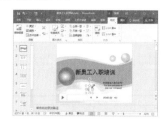

■ 操作解惑：旋转音频图标

选中音频图标，将光标定位在旋转手柄上，按住鼠标左键拖动，进行旋转操作。

(4) 设置音频图标样式

用户可以对音频图标的外观效果和颜色进行设置，使插入的音频图标更加美观，具体操作如下。

Step01：选中插入到演示文稿中的音频图标，切换至"音频工具–格式"选项卡，单击"调整"选项组中的"颜色"下三角按钮。

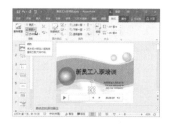

Step02：在"颜色"下拉列表中选择所需的音频图标颜色选项。

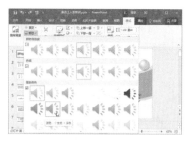

Step03：返回演示文稿中，单击"图片样式"选项组中的"图片效果"下三角按钮。

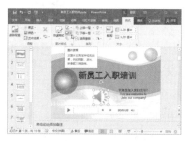

Step04：在打开的下拉列表中，选择"预设>预设1"选项，为音频图标应用预设效果。

■ 操作解惑：删除音频文件

在演示文稿中插入音频文件后，若不再需要，用户可以选中音频图标后，直接按下键盘上的Delete键，将其删除。

Step05：在"图片效果"下拉列表中，还可以选择"发光"选项，然后在子列表中选择所需的发光样式选项。

PowerPoint 2016

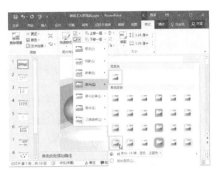

Step06: 用户还可以直接应用 PowerPoint 中提供的内置图标样式,快速设置音频图标样式效果。即选中音频图标后,在"图片样式"选项组中单击"快速样式"下三角按钮。

Step07: 在打开的预设列表库中,选择所需的预设样式即可。

(5) 裁剪音频

在演示文稿中插入音频文件后,如果音频文件时间过长,用户只想要其中的某段声音,可以对音频进行裁剪操作。

Step01: 选中演示文稿中的音频图标,切换至"音频工具–播放"选项卡,单击"编辑"选项组中的"剪裁音频"按钮。

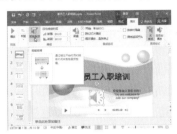

Step02: 打开"剪裁音频"对话框,在开始和结束数值框中输入时间值,或单击数值框右侧的微调按钮进行设置。

Step03: 单击"确定"按钮返回演示文稿中,单击"播放/暂停"按钮,播放裁剪后的音频文件。

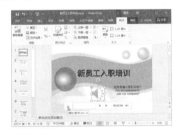

■ **技高一筹:拖动控制手柄裁剪音频**

用户可以通过拖动控制手柄,调整音频的开始时间和结束时间,然后单击"确定"按钮,执行音频裁剪操作。

319

Part 3　PowerPoint 办公应用

14.1.2 播放音频文件

默认情况下,放映幻灯片时,只有单击音频图标才会播放音频文件。在新员工入职培训演示文稿中插入音频文件后,用户可以根据需要设置音频文件的播放方式。

(1) 自动播放音频

下面介绍设置自动播放演示文稿中音频文档的操作方法,具体如下。

Step01: 打开演示文稿后,选中幻灯片中插入的音频图标,切换至"音频工具-播放"选项卡。

Step02: 在"音频选项"选项组中单击"开始"下三角按钮,选择"自动"选项。

Step03: 设置完成后,放映该张幻灯片时将自动播放音乐。

(2) 跨幻灯片播放音频

用户如果希望插入的音频文件可以在别的幻灯片中播放,则在"音频工具-播放"选项卡下的"音频选项"选项组中,勾选"跨幻灯片播放"复选框即可。

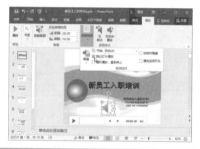

(3) 设置后台播放音频

用户若希望在播放音频的过程中音频图标不会显示出来,可以设置后台播放。

Step01: 选中幻灯片中的音频图标后,切换至"音频工具-播放"选项卡,在"音频样式"选项组中单击"在后台播放"按钮。

Step02: 此时可以看到"音频选项"选项组中相关复选框都已处于勾选状态。如果希望音乐播放完毕后返回开头,则勾选"播完返回开头"复选框。

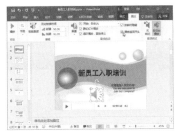

Step03：设置完成后，单击界面右下角的"幻灯片放映"按钮，预览设置效果。

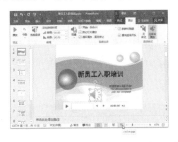

(4) 设置音频音量大小

在演示文稿中插入音频文件后，用户可以根据需要调整音频播放时的音量大小。

方法1：在功能区中设置

选中幻灯片中的音频图标后，切换至"音频工具–播放"选项卡，在"音频选项"选项组中单击"音量"下三角按钮，在下拉列表中选择所需的音量选项。

方法2：在音量控制条上设置

将光标移至声音图标上，会出现音乐控制条，将光标移至"静音/取消静音"按钮上，在出现的音量控制条上拖动鼠标，调整音量大小。

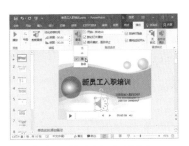

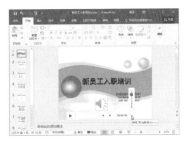

■ **操作解惑：隐藏音频图标**

要想在播放幻灯片中的音频文件时，不显示音频图标，用户可以在"音频工具–播放"选项卡下的"音频选项"选项组中，勾选"放映时隐藏"复选框，隐藏音频图标。

321

14.1.3 录制旁白

在演示文稿制作过程中，用户可以根据实际需要，现场录制音频，如幻灯片的解说词等，从而可以更准确地控制放映演示文稿时解说的节奏。下面介绍录制旁白并插入到演示文稿中的操作方法。

Step01：选择需要添加旁白的幻灯片，切换至"插入"选项卡，单击"媒体"选项组中的"音频"下三角按钮，选择"录制音频"选项

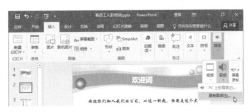

Step02:在打开的"录制声音"对话框中，输入声音的名称后，单击红色的开始按钮，进行声音的录制操作。

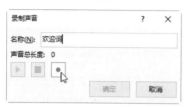

Step03: 录制完成后，单击中间方形停止按钮，停止声音的录制。

Step04: 用户可以单击最左面的三角形播放按钮，试听录制的声音

Step05: 单击"确定"按钮返回演示文稿中，可以看到插入的音频图标。选中插入的音频图标，按住鼠标左键不放并拖动，将音频图标移动到合适的位置。

Step06: 单击"播放/暂停"按钮，播放录制的旁白。

Step07: 如果录制的声音中有不需要的部分，可以单击"剪裁音频"按钮，对声音进行剪辑操作。

Step08: 打开"剪裁音频"对话框，分别设置"开始时间"和"结束时间"的时间值后，单击"确定"按钮。

■ 技高一筹:设置声音淡化持续时间

为了使声音的出现更加自然，用户可以在"音频工具-播放"选项卡下的"编辑"选项组中，设置"淡入"和"淡出"值，设置声音的淡化持续时间。

14.1.4 添加视频效果

为了让幻灯片中的内容更丰富生动, 更具感染力, 用户可以将视频文件添加到演示文稿中。下面具体介绍在新员工入职培训演示文稿中添加视频文件的操作方法。

(1) 添加视频文件

Step01: 打开演示文稿后, 切换至"插入"选项卡, 单击"媒体"选项组中的"视频"下三角按钮, 选择"PC上的视频"选项。

Step02: 打开"插入视频文件"对话框, 选择所需的视频文件后, 单击"插入"按钮。

■ 技高一筹: 插入联机视频

用户还可以在"插入"选项卡下的"媒体"选项组中, 单击"视频"下三角按钮, 选择"联机视频"选项, 在打开的"插入视频"面板中选择插入视频的来源。

Step03: 返回演示文稿中, 可以看到所选视频文件已经插入到演示文稿中了。选中插入的视频文件, 将光标放在视频的右下角, 待光标变为双向箭头形状时, 按

住鼠标左键不放进行拖动, 调整插入视频的大小。

Step04: 选中插入的视频, 按住鼠标左键不放并拖动, 移动视频到页面中适当的位置。

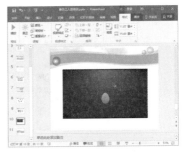

Step05: 单击"播放/暂停"按钮, 预览视频播放效果。

323

(2) 更改视频形状

插入到演示文稿中的视频通常都是默认的矩形，用户可以根据需要，设置视频的形状效果。

Step01：选中演示文稿中的视频后，切换至"视频工具－格式"选项卡，单击"视频形状"下三角按钮。

Step02：在"视频形状"下拉列表中选择所需的形状样式。

Step03：即可将视频更改为该形状样式。

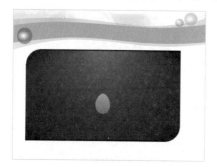

(3) 设置视频边框样式

在演示文稿中插入视频后，用户可以对视频的边框效果进行设置。

Step01：选中演示文稿中的视频后，切换至"视频工具－格式"选项卡，单击"视频样式"选项组中的"视频边框"下三角按钮。

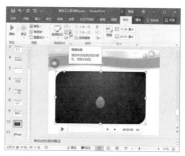

Step02：在"视频边框"下拉列表中，选择合适的边框颜色选项。

Step03：继续单击"视频边框"下三角按钮，在下拉列表中选择合适的边框线条粗细选项，即可设置视频边框的粗细效果。

PowerPoint 2016

Step04: 返回演示文稿中，查看设置边框样式后的效果。

(4) 设置视频的效果

在演示文稿中插入视频后，用户可以对视频应用可视化效果，如阴影、发光、反射或3D旋转等。

Step01: 选中演示文稿中的视频后，切换至"视频工具–格式"选项卡，单击"视频样式"选项组中的"视频效果"下三角按钮。

Step02: 在打开的"视频效果"下拉列表中选择合适的视频映像效果选项。

Step03: 继续单击"视频效果"下三角按钮，在下拉列表中选择所需的三维旋转效果。

Step04: 返回演示文稿中，单击"播放/暂停"按钮，查看设置的视频效果。

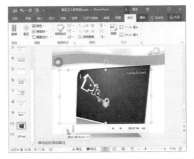

(5) 为视频外观应用快速样式

用户可以选中视频后，切换至"视频工具–格式"选项卡，单击"视频样式"选项组中的下三角按钮，在下拉列表中选择所需的样式选项，即可将该样式应用到视频上。

325

(6) 对视频颜色进行更正

在演示文稿中插入视频文件后,用户可以根据需要对视频的亮度和对比度进行设置,具体操作如下。

Step01: 打开演示文稿并选中视频,然后切换至"视频工具-格式"选项卡,单击"调整"选项组中的"更正"下三角按钮。

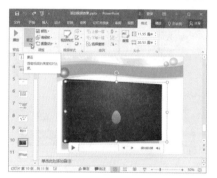

Step02: 在"更正"下拉列表中选择预设的亮度/对比度选项,这里选择"亮度:+20% 对比度: +20%"选项。

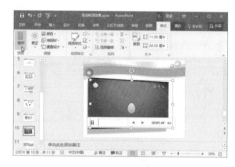

Step03: 返回演示文稿中,单击"播放/暂停"按钮,查看设置亮度和对比度后的视频效果。

14.1.5 剪辑幻灯片中的视频

用户在观看插入到演示文稿中的视频文件时,若视频过长或想删除一些不需要的部分,可以对视频进行剪辑,具体操作方法如下。

Step01: 选中插入到演示文稿中的视频并右击,在弹出快捷菜单的浮动工具栏中单击"剪裁"按钮。

Step02: 在打开的"剪裁视频"对话框中,对视频进行剪裁操作。

14.1.6　设置视频播放方式

在演示文稿中插入视频文件后,用户可以根据需要对视频文件的播放方式进行进一步设置,包括设置开始播放方式、播放音量、是否全屏播放、视频淡化持续时间以及添加书签等。

(1) 选择视频播放选项

在演示文稿中插入视频文件后,用户可以在"视频选项"选项组中设置视频文件的播放方式。

Step01: 选中视频并切换至"视频工具－播放"选项卡,单击"开始"下三角按钮,选择"自动"选项,设置视频自动播放。

Step02:在"视频选项"选项组中单击"音量"下三角按钮,在下拉列表中选择视频播放音量高低的选项。

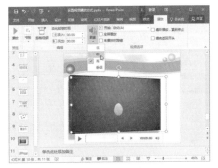

Step03:在"视频选项"选项组中勾选"全屏播放"复选框,在放映幻灯片时将全屏播放视频。

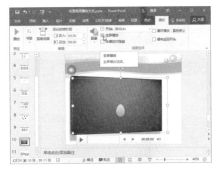

Step04: 勾选"未播放时隐藏"复选框,则在不播放时隐藏视频。

Step05: 在"视频选项"选项组中,分别在"淡入"和"淡出"输入合适的数值,为视频设置淡化效果。

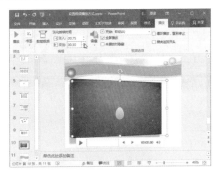

327

Part 3　PowerPoint 办公应用

(2) 为视频添加书签

在演示文稿中插入视频文件后，用户可以使用书签功能，在播放视频时快速跳转到指定位置。

Step01：选中演示文稿中的视频并播放至需要添加书签的位置时，单击"播放/暂停"按钮，暂停视频的播放。

Step03：可以看到视频播放条上刚刚选择的时间点出现了一个小圆圈，即为书签。单击该书签，可从这个时间点开始播放视频。

Step02：在"视频工具－播放"选项卡下的"书签"选项组中单击"添加书签"按钮。

14.1.7 为视频添加封面

在幻灯片中插入视频后，用户可以根据需要为视频添加合适的视频封面。在 PowerPoint 演示文稿中，可以使用其他来源的图片作为视频封面，也可以以视频中的某一帧作为视频封面。

(1) 将图片设置为视频封面

下面介绍将计算机中的图片设置为视频封面的操作方法，具体如下。

Step01：选中演示文稿中的视频，切换至"视频工具－格式"选项卡，单击"海报帧"下三角按钮，选择"文件中的图像"选项。

Step02：打开"插入图片"面板，选择图像的来源，此处单击"来自文件"右侧的"浏览"按钮。

Step03: 打开"插入图片"对话框,选择要作为视频封面的图片,单击"插入"按钮。

Step04: 返回演示文稿中,可以看到所选图片已经应用为视频封面了。

(2) 将当前帧设置为视频封面

下面介绍将当前帧设置为视频封面的操作方法,具体如下。

Step01: 选择演示文稿中的视频后,单击"预览"选项组中的"播放"按钮,播放视频。

Step02: 待视频播放到要设置为视频封面的画面时,单击"播放/暂停"按钮,暂停视频播放。

Step03: 切换至"视频工具–格式"选项卡,单击"海报帧"下三角按钮,选择"当前帧"选项。

Step04: 返回演示文稿中,可以看到已经将当前的画面设置为视频的封面。

329

Part 3 PowerPoint 办公应用

14.1.8　链接视频至演示文稿中

在演示文稿中插入视频文件后，文件会变得很大，这时用户可以用链接的方式，将视频链接到演示文稿中。

Step01：打开演示文稿后，切换至"插入"选项卡，在"媒体"选项组中单击"视频"下三角按钮，在下拉列表中选择"PC上的视频"选项。

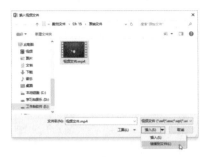

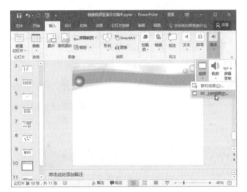

Step03：返回演示文稿中，查看将视频链接到幻灯片中的效果。

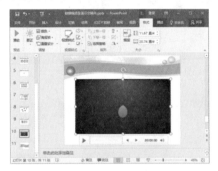

Step02：在打开的"插入视频文件"对话框中，选择要链接到演示文稿中的视频后，单击"插入"下三角按钮，在下拉列表中选择"链接到文件"选项。

14.1.9　添加超链接效果

在PowerPoint中，超链接是从一张幻灯片中链接到本文档中另一张幻灯片、其他演示文稿、电子邮件、网页或文件的链接。用户可以为文本、文本框、图片或图形等创建超链接。

(1) 链接到本演示文稿

在演示文稿中，用户可以通过创建超链接，快速从演示文稿中的某一位置跳转到指定幻灯片，下面介绍操作步骤，具体如下。

Step01：打开演示文稿后，选中需要创建超链接的文本框，切换至"插入"选项卡，单击"链接"选项组中的"链接"按钮。

Step02: 打开"插入超链接"对话框,在"链接到"列表中选择"本文档中的位置"选项,然后在右侧列表中选择文档中要链接到的位置。

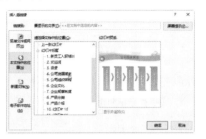

Step03: 单击"确定"按钮返回演示文稿中,将光标移至创建超链接的文本框上,可以看到屏幕提示显示已经创建的超链接。

Step04: 放映幻灯片时单击创建的超链接,即可快速跳转到链接页面。

(2)从幻灯片链接到 Word 文档

下面介绍从幻灯片链接到 Word 文档的方法,具体步骤如下。

Step01: 选中需要创建超链接的图片,切换至"插入"选项卡,单击"链接"选项组中的"链接"按钮。

Step02: 打开"插入超链接"对话框,在"链接到"列表中选择"现有文件或网页"选项,然后在"当前文件夹"列表中选择需要链接到的文件选项。

Step03: 单击"确定"按钮返回演示文稿中,放映幻灯片时,单击创建的超链接,即可打开链接的 Word 文档。

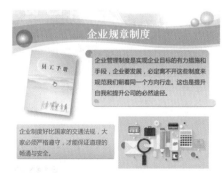

14.2 企业集体活动方案演示文稿

为了加强员工的凝聚力和向心力,调动员工的工作积极性,企业一般都会定时开展一些集体活动,以休闲娱乐,缓解工作疲劳。本节主要通过对企业集体活动方案演示文稿中动画和切换效果进行设置,详细讲解在幻灯片中添加和编辑动画效果的操作方法。

14.2.1 添加动画效果

企业集体活动方案演示文稿创建完成后,用户可以将演示文稿中的文本、图片、形状、表格、SmartArt 图形和其他对象制作成动画,赋予它们进入、退出、强调或移动等视觉效果。

(1) 为对象添加进入效果

进入动画可以使对象逐渐淡入、飞入或跳入幻灯片中,下面对该动画效果进行介绍。

Step01: 打开企业集体活动方案演示文稿,选中幻灯片标题文本框,切换至"动画"选项卡,单击"动画"选项组中的"动画样式"下三角按钮。

Step02: 在打开的动画样式列表中的"进入"选项区域中,选择"出现"动画效果。

Step03: 返回演示文稿中,可以看到所选幻灯片标题文本框左上角出现了数字1,表示已经为该文本框应用了第一个动画效果。然后在"计时"选项组中,设置动画的"持续时间"。

Step04: 设置完成后,单击"预览"选项组中的"预览"按钮,预览添加的"出现"进入动画效果。

(2) 为对象添加强调效果

为了突出显示幻灯片中的某个内容，用户可以使用强调动画，具体方法如下。

Step01: 选中演示文稿中的副标题文本框，切换至"动画"选项卡，单击"动画"选项组中的"动画样式"下三角按钮，在下拉列表中的"强调"选项区域中选择"放大/缩小"选项。

Step02: 为副标题文本框应用强调动画效果后，单击"动画"选项组中的"效果选项"下三角按钮，选择动画的方向。

Step03: 单击"高级动画"选项组中的"动画窗格"按钮。

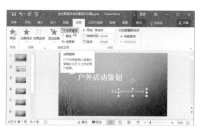

Step04: 在打开的"动画窗格"导航窗格中，可以看到该演示文稿页面中添加的动画，单击"全部播放"按钮，预览动画效果。

(3) 为对象添加退出效果

下面介绍为演示文稿中的图片应用退出动画效果的方法，具体操作如下。

Step01: 选中演示文稿中需要应用退出动画效果的图片，单击"动画"选项组中的"动画样式"下三角按钮，在下拉列表中选择"更多退出效果"选项。

Step02: 打开"更多退出效果"对话框，选择所需的退出动画效果选项，单击"确定"按钮。

333

Part 3 PowerPoint 办公应用

Step03: 返回演示文稿中, 在"计时"选项组中设置动画的"持续时间"值后, 单击"预览"按钮, 预览退出动画效果。

(4) 为对象添加动作路径效果

下面介绍为演示文稿中的图形应用动作路径动画效果的方法, 具体操作如下。

Step01: 选中演示文稿中需要应用动作路径动画效果的形状, 单击"动画"选项组中的"动画样式"下三角按钮, 在下拉列表中选择"更多动作路径"选项。

Step02: 打开"更多动作路径"对话框,

选择所需的动作路径动画效果选项, 单击"确定"按钮。

Step03: 返回演示文稿中, 即可为所选形状应用动作, 并且在演示文稿中显示了该动画的路径。

■ 技高一筹: 动画窗格的作用

在动画窗格中可以查看幻灯片上所有的动画列表。动画窗格显示有关动画效果的重要信息, 如效果的类型、多个动画效果之间的相对顺序、受影响对象的名称以及效果的持续时间。

14.2.2 编辑动画效果

在演示文稿中添加进入、强调、退出和动作路径等动画效果后, 用户还可以根据需要, 对添加的动画效果进一步编辑操作, 例如复制动画效果、调整动画效果的顺序或设置动画播放效果等。

(1) 复制动画效果

在PowerPoint中, 为对象应用动画效果后, 用户可以使用格式刷功能, 将设置的动画效果复制到其他对象上, 快速为多个对象应用相同的动画效果, 操作

如下。

Step01: 在企业集体活动方案演示文稿中选中含有要复制动画效果的对象, 切换至"动画"选项卡, 单击"高级动画"选项组中的"动画刷"按钮。

PowerPoint 2016

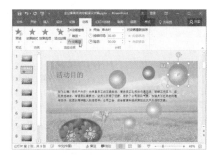

Step02: 此时光标已经变成了刷子形状。

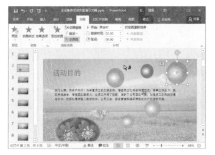

Step03: 单击要添加复制动画效果的对象,即可为该对象应用相同的动画效果。

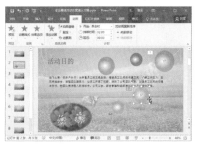

Step04: 要想多次复制相同的动画效果,用户需要双击"动画刷"按钮。

Step05: 将所选动画效果应用到所有需要复制的对象上,再次单击"动画刷"按钮,即可取消动画刷状态。

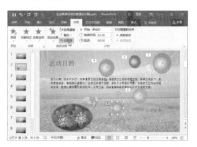

(2) 调整动画效果的顺序

当演示文稿中有多个动画效果时,用户可以根据需要设置每个动画的出现顺序。

Step01: 在包含多个动画的演示文稿中,切换至"动画"选项卡,单击"预览"按钮,预览演示文稿中的动画播放顺序。

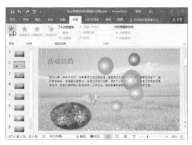

Step02: 要调整动画效果的顺序,则单击"高级动画"选项组中的"动画窗格"按钮,可打开"动画窗格"导航窗格。

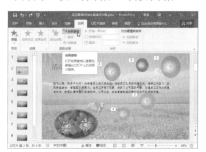

335

Part 3　PowerPoint 办公应用

Step03: 在打开的"动画窗格"导航窗格中, 选择要调整顺序的动画选项, 单击向上或向下按钮, 进行调整。

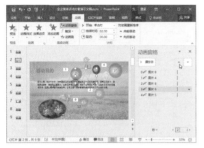

Step04: 调整动画效果的顺序后, 单击"动画窗格"中的"全部播放"按钮。

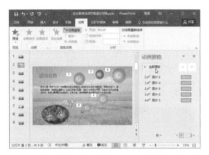

Step05: 查看调整后的动画播放效果。

(3) 设置动画效果

在幻灯片中插入动画效果后, 用户可以对动画效果进行更多的设置。

Step01: 在要设置动画效果的幻灯片中, 在"动画"选项卡下单击"高级动画"选项组中的"动画窗格"按钮。

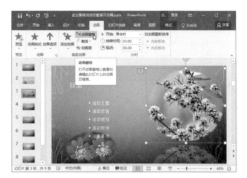

Step02: 在打开的"动画窗格"导航窗格中, 单击要设置动画效果的选项右侧的下三角按钮, 在下拉列表中选择"效果选项"选项。

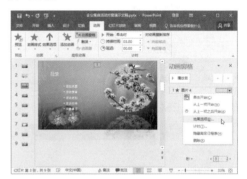

Step03: 打开"上浮"对话框, 在"效果"选项卡下, 单击"声音"下三角按钮, 在下拉列表中选择所需的声音效果选项。

Step04: 单击"声音"选项右侧的音量标识, 在出现的音量控制条上拖动鼠标, 调整音量大小。

PowerPoint 2016

Step05：切换至"计时"选项卡，设置动画的开始方式、延迟时间、播放速度以及重复次数。

Step06：设置完成后，单击"确定"按钮返回演示文稿中，单击"播放自"按钮，预览设置动画效果后的效果。

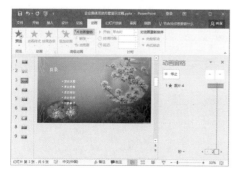

(4) 删除动画效果

为对象设置动画效果后，若对该动画效果不满意，可以将其删除，重新选择其他动画效果。

Step01：选中要删除动画效果的对象，单击"动画窗格"按钮，打开"动画窗格"导航窗格。单击要删除动画效果的动画选项右侧的下三角按钮，在下拉列表中选择"删除"选项。

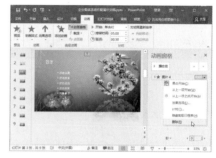

Step02：即可将所选形状动画效果删除，之后用户可再次选中该形状，单击"动画样式"下三角按钮，在下拉列表中重新选择动画效果。

■ **操作解惑：关于动画效果编号**

单击添加了动画效果的某个对象时，其动画效果以演示时触发的先后顺序编号，对象左上角的数字，就代表该对象添加的动画效果顺序。编号与"动画窗格"导航窗格中动画列表的编号一一对应。

337

Part 3　PowerPoint 办公应用

14.2.3　设置更多动画效果

在介绍了添加和编辑动画效果后，下面介绍设置文本按字或词播放和设置组合动画效果的操作方法，具体操作如下。

(1) 设置逐字播放文字

在演示文稿中设置文字的动画效果时，可以设置段落文本逐字出现，具体操作如下。

Step01：选中需要设置动画效果的文本对象，切换至"动画"选项卡，单击"动画样式"下三角按钮。

Step02：在打开的动画选项列表库中选择"浮入"选项。

Step03：返回演示文稿中，单击"动画"选项组中的"效果选项"下三角按钮，在下拉列表中选择"下浮"选项。

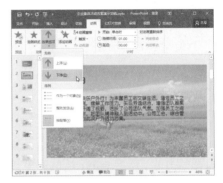

Step04：返回演示文稿中，单击"预览"按钮，可以看到整个文本对象从演示文稿的上方进入幻灯片中。

Step05：单击"动画"选项组的对话框启动器按钮。

Step06：打开"下浮"对话框，在"效果"选项卡下单击"动画文本"下三角按钮，选择"按字/词"选项。

Step07：切换至"计时"选项卡，单击"期间"下三角按钮，选择"非常慢(5秒)"选项后，单击"确定"按钮。

Step08：返回演示文稿后单击"预览"按钮，查看文本对象中的文字逐字从幻灯片上方进入的效果。

（2）设置组合动画效果

　　在为演示文稿中的对象创建动画效果时，用户可以根据需要为同一对象创建两个或两个以上的动画效果，具体操作如下。

Step01：选中设置逐字播放文字动画效果的文本框，切换至"动画"选项卡，单击"添加动画"下三角按钮。

Step02：在下拉列表中的"进入"选项区域中，选择"随机线条"选项。

Step03：单击"高级动画"选项组中的"动画窗格"按钮，打开"动画窗格"导航窗格。单击新添加动画效果的动画选项右侧的下三角按钮，在下拉列表中选择"效果选项"选项。

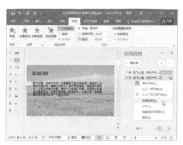

Part 3 PowerPoint 办公应用

Step04: 打开"随机线条"对话框,在"计时"选项卡下,设置"期间"为"慢速(3秒)",单击"重复"下三角按钮,选择动画效果需要重复的次数。

Step05: 单击"确定"按钮返回演示文稿中,在"动画窗格"中单击"播放自"按钮,预览效果。

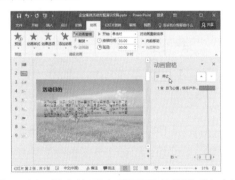

Step06: 单击演示文稿页面底部的"幻灯片放映"按钮。

Step07: 查看为文本框添加两个动画效果后的效果。

■ **技高一筹:对动画重新排序**

设置组合动画效果后,用户可以单击"计时"选项组中的"向前移动"或"向后移动"按钮,对动画进行重新排序。

14.2.4　设置幻灯片切换效果

在进行幻灯片放映时,用户可以设置从一张幻灯片切换到下一张幻灯片时的效果,来吸引观众对演示文稿的注意。下面介绍为幻灯片设置切换效果的操作方法。

(1) 添加切换效果

下面介绍为幻灯片添加切换效果的操作方法,具体如下。

Step01: 选中需要应用切换效果的幻灯片,切换至"切换"选项卡,单击"切换效果"下三角按钮。

PowerPoint 2016

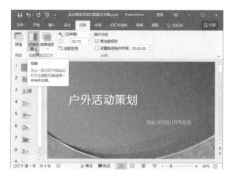

Step02: 在打开的切换效果列表库中,选择需要的切换效果选项,这里选择"推进"选项。

Step03: 在"切换到此幻灯片"选项组中单击"效果选项"下三角按钮,在下拉列表中选择"自左侧"选项。

Step04: 单击演示文稿页面底部的"幻灯片放映"按钮,查看幻灯片放映时的切换效果。

Step05: 此时幻灯片以从左到右推进的效果逐渐显示,直到整张幻灯片都展现出来。

Step06: 如果要为所有幻灯片应用相同的切换效果,用户可以直接单击"计时"选项组中的"全部应用"按钮。

(2) 设置切换效果的持续时间

在幻灯片之间添加切换效果时,用户可以设置切换效果的持续时间,具体操作如下。

Step01: 打开演示文稿后,切换至"切换"选项卡,在"计时"选项组中的"持续时间"数值框中显示了切换效果持续时间为1秒。

Step02: 单击"预览"选项组中的"预览"按钮，可以看到此时的切换时间非常短。

Step03: 单击"计时"选项组中的"持续时间"数值框右侧的微调按钮，设置持续时间，或直接在数值框中输入持续时间。

342

Step04: 设置"持续时间"为6秒后，单击"预览"选项组中的"预览"按钮，可以看到幻灯片的切换变慢了。

（3）设置幻灯片的自动换片时间

在演示文稿创建过程中，用户不仅可以设置切换效果的持续时间，还可以设定幻灯片显示多久后自动切换至下一张幻灯片，具体操作方法如下。

Step01: 打开演示文稿并切换至"切换"选项卡，在"计时"选项组中，勾选"设置自动换片时间"复选框。

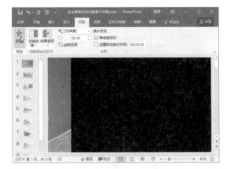

Step02: 单击"设置自动换片时间"后面的微调按钮，设置自动换片时间即可。

知识大放送

Q 如何将SmartArt图形制作成动画？

A 在演示文稿中创建SmartArt图形后，用户可以为SmartArt图形应用动画效果，也可以根据需要设置SmartArt图形中每个形状依次进入幻灯片。

Step01： 打开包含SmartArt图形的演示文稿后，切换至"动画"选项卡，单击"动画"选项组中的"动画样式"下三角按钮。在下拉列表中选择"飞入"选项，如下左图所示。

Step02： 单击"效果选项"下三角按钮，在下拉列表中选择"自左上部"选项后，单击"动画"选项组的对话框启动器按钮，如下右图所示。

 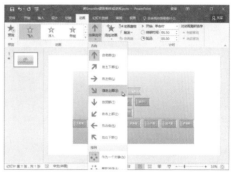

Step03： 打开"飞入"对话框，在"计时"选项卡下设置动画的飞入速度后，切换至"SmartArt动画"选项卡，单击"组合图形"下三角按钮，选择"逐个按分支"选项，如下左图所示。

Step04： 单击"确定"按钮返回演示文稿中，单击"预览"按钮，查看设置的动画效果，如下右图所示。

343

 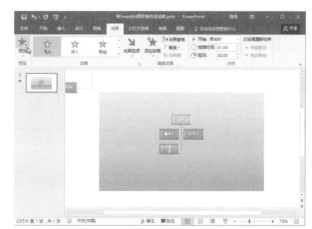

❓ 如何为超链接添加声音效果?

Ⓐ 在演示文稿中添加超链接后,为了增加趣味性或吸引观众注意力,用户可以为超链接添加声音效果。

Step01: 打开包含超链接的演示文稿,切换至"插入"选项卡,在"链接"选项组中单击"动作"按钮,如下左图所示。

Step02: 在打开的"操作设置"对话框中,勾选"播放声音"复选框,然后选择所需的声音效果,这里选择"风铃"选项,然后单击"确定"按钮,如下右图所示。

❓ 如何避免插入到演示文稿中的图像被压缩?

Ⓐ 默认情况下PowerPoint会自动压缩插入到演示文稿中的图像,以减小演示文稿的大小,但压缩图像清晰度会降低。这时用户可以执行"文件>选项"命令,打开"PowerPoint选项"对话框,在"高级"选项面板中勾选"不压缩文件中的图像"复选框即可。